别让
你的迷茫，
耽误你的人生

段秋文◎著

中国铁道出版社
CHINA RAILWAY PUBLISHING HOUSE

内 容 简 介

职业迷茫与失败的原因通常有三种：没有目标、没有动力和中途放弃。

针对上述三大原因，作者编写了这本书。本书共分为五个章节，分别是征战前的准备；制定征战地图、描绘征战路线；准备征战宣言；避免征战途中的陷阱；唯有浴血奋战才配得上荣耀。

处于职业迷茫期的读者朋友可以透过这本简单、实用的职业生涯征战手册，远离迷茫与失败。

让我们从现在开始，别让迷茫耽误我们的人生，开启人生新的篇章。

图书在版编目（CIP）数据

别让你的迷茫，耽误你的人生/段秋文著. —北京：中国铁道出版社，2017.12

ISBN 978-7-113-23503-1

Ⅰ.①别… Ⅱ.①段… Ⅲ.①人生哲学—通俗读物 Ⅳ.①B821-49

中国版本图书馆CIP数据核字（2017）第192142号

书　　名： 别让你的迷茫，耽误你的人生
作　　者： 段秋文　著

策　　划： 巨　凤　　**读者热线电话：** 010-63560056
责任编辑： 苏　茜
责任印制： 赵星辰　　**封面设计：** 仙境

出版发行： 中国铁道出版社（100054，北京市西城区右安门西街8号）
印　　刷： 北京鑫正大印刷有限公司
版　　次： 2017年12月第1版　2017年12月第1次印刷
开　　本： 700mm×1 000mm　1/16　**印张：** 14.5　**字数：** 179千
书　　号： ISBN 978-7-113-23503-1
定　　价： 39.80元

推荐序 PREFACE

他一直在征战！

认识秋文算是一次偶遇。

2011 年底，我以创业导师的身份受邀到武汉会展中心为“创业武汉”作演讲。在此期间，我注意到了一位非常专心学习的年轻人，并且和他有过现场互动，由于他表现出色，我邀请他上台并奖励给他一本我的管理类著作《责任决定一切》；没想到他回送了我一本《新规划——带我们走向美好未来》。后来了解到，这是秋文花了两年的时间，用心研究创作出来的人生规划书。该书总结了每个人生命中缺一不可的六大需要——身体健康、心理健康、学习成长、助人和谐、家庭幸福和职业成功。

如今，秋文邀请我为他的新书作序，我欣然应允。因为他一直在征战，因为他认真学习，对人做事负责。

据我所知，创作本书前，秋文曾花了一年的时间，通过“无条件免费做人生规划咨询”积累咨询能力、总结咨询经验。在此基础上，秋文通过不断学习、实践和领悟自创了“3+3 职业生涯规划体系”。然后，秋文又花了近

5 年的时间运用这个体系帮助来自全国 30 多个城市（包括海外留学生）、不同学历（初中一博士）、不同年龄（20 ～ 47 岁）、不同阶层（基层员工、中层干部、企业高管）、不同行业近千名朋友走出了职业困惑。为了帮助更多人在自己的生涯路上去征战，秋文把他多年的咨询实践经验毫无保留地在本书中分享。对于每一位“职场战士”而言，只要你用心阅读，定会受益匪浅。

一般来说，一个人的职业生涯有近 40 年。有的人赢在了起点，有的人赢在了转折点，有的人一直赢在路上，还有很多人一开始就走错路（例如盲目就业——先就业再择业、入错行、选错岗等），或是在途中乱走路（例如盲目换岗、盲目换行、盲目换城市、盲目换公司、跟风创业等），或是中途放弃……

他们在迷茫中行走，经常被撞得鼻青脸肿、头破血流。他们困惑、痛苦、付出了很多，但收获的却是失业、失败。不是他们不愿意征战，而是他们不清楚要去哪里征战。

读完这本书你会拥有在职业生涯路上征战的动力，你会清楚自己征战的地图、征战的路线以及征战途中可能出现的陷阱。但是没有人可以替你去征战，唯有你自己去浴血奋战才可以收获一个了不起的未来。

2016 年底上映的新片《血战钢锯岭》中，军医戴斯蒙德·道斯不愿意在前线举枪射杀任何一个人，他因自己的和平理想遭受着其他战士们的排挤和欺负。尽管如此，他仍坚守信仰及原则，孤身上阵，无惧枪林弹雨，誓死拯救即使一息尚存的战友。数以百计的同胞在敌人的土地上伤亡惨重，他一人冲入战场，不停地祈祷，乞求以自己的绵薄之力去再救一人，75 名受伤战友最终被他奇迹般的运送至安全之地，得以生还。看似懦弱的道斯，最后却成了最勇敢、最伟大的战士。

秋文虽然不是一名军人，但是他在职业生涯的征途中，他一直在征战；

虽然他出身贫寒，学历一般，没有任何背景，但是他有一颗爱人之心、征战之心，愿意付出。愿此书引领你成为生涯征战的勇士，我相信他一定会有一个了不起的未来。

管理学者、双创导师 唐渊

2017 年 1 月于北京•清华园

自 序 FOREWORD

没有人能许你一个未来，唯有你自己

为什么即使很相像的双胞胎，也可以识别？

是因为他们不一样。

为什么全世界有 70 多亿人口中，却没有一个人和你长得一样？

因为你是独一无二的，你是世界上的唯一。

所以永远不要放弃自己。因为每一个人从出生那一刻就有独特的价值。

任正非出生于普通家庭，没有什么背景，却可以把华为做成世界级的大公司；马云个不高，高考考了 3 次，但他创办的阿里巴巴誉满全球；俞敏洪出身寒门，不是高富帅，但可以成就新东方。所以无论你的出生背景如何，你的长相如何，你的身体是否有缺陷……一切外在的因素都没法掩盖你特有的价值。你是与众不同的。

其实，你天生就是个战士，是个勇士，还是一个胜利者。

受精卵的形成本身就是一个征战的过程，数以万计的精子通过激烈的征战、比拼，只有第一名（如果是多胞胎，就是前几名）才可以和卵子合二为一形成受精卵。然后通过细胞分裂、逐渐发育、生长，通过十月怀胎，你才降生于世，所以你天生就是赢家。

如果你去观察一些两岁左右的小孩，你会发现，他们总是积极进取，他们对一切新鲜的事物充满好奇，他们勇于尝试、不怕失败、坚强勇敢、精力充沛、总是充满热情……即使偶尔跌倒，他们也会很快爬起来。他们非常诚实——想到什么就说什么，他们的言行一致。他们的内心是和谐的，他们想玩就玩、想睡就睡，而且非常快乐，他们的微笑无比的灿烂、无比的甜美……

然而，不知从何时起，我们似乎陷入了一个“被赶”的怪圈：

父母希望我们赢在起点，所以从呱呱坠地开始，我们就一直在“被赶”——被赶着去上幼儿园、上小学、上中学……一路走来，背着英文，学着奥数，报各类看似饶有兴趣的“兴趣班”，直到高考、读大学、毕业工作……大部分置身其中的人相信，这样就能“被赶”出一个美好的未来。

反正总有一只无形的杆子在你身后撵着你，像撵着一个大脑处于放空状态的鸭子上架。

然而，你从未认真考虑过，你想要成为怎样的你？或者说，你想要成为怎样的自己？你希望自己有一个怎样的未来？你只看到眼前脚步和前面的鸭屁股——它离你不到三步，至于最前方的队伍要走向哪里，你不曾想过，也漠不关心。在“被赶”的过程中，你渐渐地迷失了自己——不知从什么时候起，你开始变得自卑、变得不愿意去尝试、害怕去探索；你开始变得对什么事情都漠不关心、缺乏热情和好奇心；你开始变得自私、虚伪，变得不真实；你开始变得消极、悲观甚至颓废；你开始沉迷网络、游戏……

你可以不关心别人，但你有没有试着停下来问问自己：你到底想要去何处？

无解是最糟糕的答案，这表示你已经对“安排”有了惯性心理。简单而言，就是你从小就跟在鸭群后面，你若不小心偏离了方向，就会被大声呵斥，立刻回到队伍。直到有一天，你闭着眼睛都能在水中游出一条直线的时候，前面带头的队长突然回头对你露齿一笑：“现在整片天空都是你的了，去飞吧！”

你艰难地抖动退化了不知几百年的翅膀，这才发现，原来自己从未学习过飞翔，更别说找到属于你的航线了。

你终于发现，从小到大，你都在学如何合群，跟在别人身后，随着现有的方向，永远不用操心明天的路，你完全失去了自己独一无二的天性。

然而，你现在已经是成年人了，过去的都已过去。唯有现在和未来才是你的未失去的人生。你需要静下心来问自己——我的未来究竟在哪里？

很抱歉，我不能告诉你！

但是，通过这本书，你可以获得很多征战的经验和教训。因为我自己有二十余年的生涯征战经历——有不少成功的经验和失败的教训。更重要的是从 2009 年开始涉足职业指导领域——研究人生、职业数年，提供咨询服务多年，累积指导过近 1000 位有职业困惑的朋友；我还在知乎网上回答过 1000 多个有关职业困惑的问题。另外，我在百度贴吧、天涯等社区也回答过很多有关职业困惑的问题。下面是几个咨询者的见证。

曾经有一位河南的朋友小 K（化名，下同）向我咨询。他从毕业后，一直在跳槽，4 年多的时间里，换了 3 个行业、4 个城市，如今他还在准备考研去做职业转换。向我咨询后，我问了他一个问题——下面是 QQ 聊天记录（见图 1）。

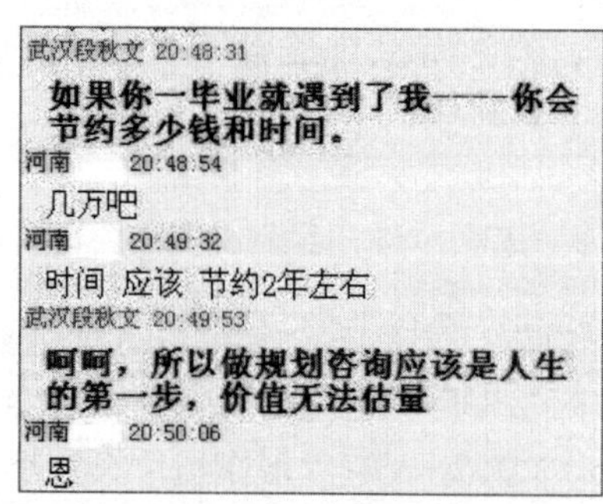

图 1　与咨询者的聊天记录截图 1

因为他过去没有规划，所以 4 年多的时间多走了很多冤枉路——浪费了近两年的时间，损失了几万元。

还有一位浙江的朋友小允，他大学毕业后，因为过去没有规划、没有职业方向，所以在过去的两年中，换了 4 份工作——第一份做了 4 个月，第二份做了两个月，第三份也做了两个月，最后一份做了 6 个月。而且他的 4 份工作做得都不太一样，做过普工、物品管理、实验员等。两年的时间，职业基本上没什么积累。

其实，早在 2011 年，我做免费咨询的时候，他就加了我的 QQ，但他过去对职业生涯规划没什么概念，所以一直没和我联系。幸好他后来联系了我并确定了咨询。咨询结束后，我们进行了交流（见图 2）：

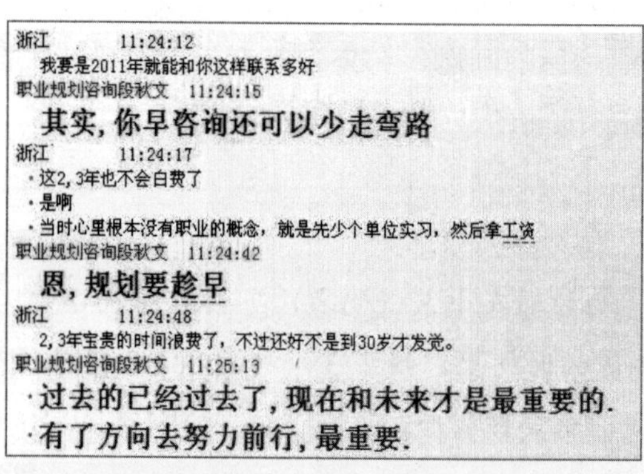

图 2　与咨询者的聊天记录截图 2

所以，虽然我没法给予你未来，但是可以帮你在生涯的征战过程中少走弯路，少走弯路就是赢。

或许他们和你有相似的想法和经历，在二三十岁的年纪，很多人不知道自己应该做些什么，还能做些什么，往往只知道在徘徊中等待，在等待中迷茫和失败。

每天彷徨、挣扎，踌躇满志却又无所事事。

这或许是每一个人成长中都会经历的磨难。

你也许会疑惑地说，谁没有迷茫过，失败过。

但这都不足以成为你停滞不前的理由。

别人的故事，我们不曾知晓答案。

你的未来在哪里？

唯有你自己，才可以许自己一个了不起的未来。

人最恐惧的时候是……

曾经，我在网上看到这样的一个故事：

万通董事长冯仑和王石一起，从西安开车到新疆乌鲁木齐。在戈壁滩上，车突然坏了。手机在那个地方没有信号。戈壁滩的地面，全部是鹅卵石，温度高得几乎能把轮胎烤化。我们没有办法跟任何人联系，我们越来越恐惧，甚至开始焦躁。这时候司机下了车，他不断地转，不断地在地下看。他在看什么？他在找车辙。司机终于发现了一条新车辙，我们齐力把车横在车辙上面。然后司机说："剩下的事情，只能等待，不要有任何奢望。"然后我们开始等待。一个小时后，有一辆特别大的货车在我们面前停下来。我们的司机写了一个电话号码，请货车司机出戈壁滩后打电话找人来救我们。大货车开走后，我们在车上开始嘀咕："这事靠谱吗？人家会帮忙打这个电话吗？"我们的司机说了一句话："在没有方向的地方，相信是唯一的选择，信任是最宝贵的。"结果我们又等了一个多小时，救我们的人果然来了。这件事发生后，我一直在思考一个问题——人到底什么时候最恐惧？不是没有钱的时候，不是没有水的时候，也不是没有车的时候。人最恐惧的时候，实际上是没有方向的时候。有了方向，其实所有的困难都不是困难。当我们有了理想就相当于在戈壁滩上突然找到了方向。

确实如此，一个人最恐惧的时候，就是在没有方向的时候。比如，我们常常在黑暗中感到恐惧是因为我们在黑暗中没有前进的方向；一个人一旦失明，他会特别恐惧，是因为他看不清前面的路；一个人在荒无人烟的黑夜，他会感到毛骨悚然，还是因为他不清楚自己下一步该往哪里去！

许自己一个了不起的未来，是给自己一个征战的方向、是生涯征战的开始！

许自己一个了不起的未来可以给自己勇气和力量，可以让你回归到真实的你、天性的你。

请记住，你天生就是一个战士、一个勇士、一个胜利者，只是在过去的人生中，你暂时迷失了自己。你可以从现在开始许自己一个了不起的未来，别让迷茫耽误了你的人生。

时光流逝，愿这本书见证着它的主人如何在岁月的沉淀与征战中闪闪发光！

当梦想已启动并践行，你所有的积累与努力，永远相随，成为你成功的阶梯！

阅读要郑重，因为你许自己的未来，都有可能实现。

下面，请跟随我一同开启本书的阅读之旅！

目录 CONTENTS

Chapter 1

征战前的准备
——切除逐梦路上的两颗毒瘤“迷茫与失败”

1. 梦开始的地方，你是否有两颗毒瘤“无法自拔” /2

2. 要么勇敢去征战，要么就待在家 /9

3. 来一场与内心深处灵魂的对话 /13

4. 为你的人生描绘一幅理想职业发展图 /22

5. 就业准备：我来了！我征服！直到成功 /27

6. 未来的每一条路都是你自己选择的结果 /33

7. 痛苦，是世界让你变得更坚强的方式 /36

Chapter 2

制定征战地图、描绘征战路线
——你若不尝试走出阴影，没人能赐你那一米阳光

1. 志不立，征战就没有方向 /42

2. 行业不分贵贱，但它能帮你瞄准征战的方向 / 48

3. 选定了一座城，就有可能是你一辈子的战场 / 54

4. 从岗位出发，干一行，爱一行 / 61

5. 好公司是你生涯征战的供给站 / 75

6. 设定职业路标是征战行动的开始 / 80

Chapter 3

准备征战宣言
——在求职面试中崛起

1. 漫漫求职面试路，想说爱你不容易 / 92

2. 达摩克利斯之剑：招聘信息“套路”深 / 97

3. 简洁而有力的简历才是你的机会之钥 / 101

4. 求职途径依赖症：这是最好也是最坏的时代 / 108

5. 面试印象，既要“颜值”又要“言值” / 113

6. 别让人生中最美好的签约败给了感伤 / 116

Chapter 4

避免征战途中的陷阱
——你看得再远始终会有盲点，少走弯路才是赢

1. 职业前期，总有一些盲点是你发现不了的 / 120

2. 刚起步走了这么多弯路，你还想成功 / 130

3．盲目转折，殊不知看似华丽的诱惑都是纸老虎 / 137

4．做更好的自己，莫在恶性循环中自我纠结 / 143

5．人生经历不等于核心竞争力 / 151

6．没有付出就想得到是贪婪，没有危机感就是最大的危机 / 159

7．越等待、越纠结、越痛苦：有梦就早点去追 / 163

Chapter 5

唯有浴血奋战才配得上荣耀
——成功总要拐几个弯才来

1．在职场拐弯处，留给你的机会并不多 / 168

2．时间不会为了等你的决定而停下脚步 / 174

3．与工作谈恋爱，逃避是最无用的药方 / 178

4．人人都想远离职业失败，但核心能力的培养需要时间 / 184

5．积累资源，在没有终点的职业旅程上一路向前 / 192

6．给生命更多可能，偏执的人总能最早看见前方的光 / 200

7．逆风中飞扬，平凡中成长，成功总要拐几个弯才来 / 208

后记

享受征战的过程，把荣耀献给未来 / 214

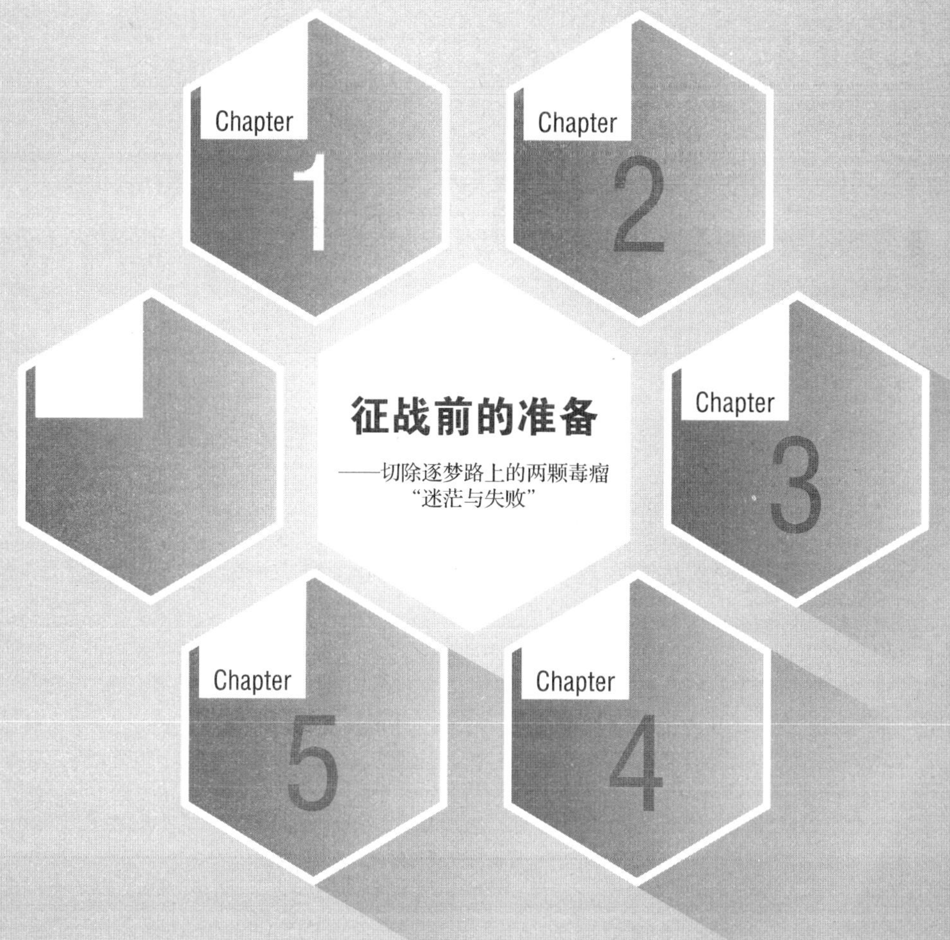

征战前的准备

——切除逐梦路上的两颗毒瘤“迷茫与失败”

迷茫的人不一定失业，
但是长期失业的人一定很迷茫。
对未来的不可知，
对职业生涯的迷茫，
会让人丧失奋斗的信念和力量。
无论现实怎样不可改变，
你都要坚信，自己有一双翅膀，
让你在现实里自由飞翔。

1. 梦开始的地方，你是否有两颗毒瘤“无法自拔”

有研究显示，在国内初入职场的人中，能够明白自己的需要并肯定未来发展方向的仅占 27.1%，有 72.9% 的人从未考虑过职业生涯规划的问题，或者对未来感到十分迷茫。

在我的邮箱后台，经常会有许多咨询者的来信。

每次看这些来信都让我思考这样一个问题——

为什么迷茫的人那么多？

我有一个粗略的统计，几乎每 100 封邮件中，有一半以上，说自己当下很迷茫，咨询我未来该怎么办？

也经常有朋友与我倾吐心声：“段老师，我觉得现在的自己很不像自己，身边的一切人、事都是错的。每天不想学习、不想工作，我也不知道自己究竟想做什么……”

“那么，你希望你的人生是怎样的呢？”我通常会询问。

“如果一切都可以重来就好了。”对方的眼神似乎总有几分热烈，但光亮一闪之后，出现的却是灰暗和迷茫。

是的，如果人生真的能够像电影中那样落入时空隧道黑洞，回到美好的 16 岁，又或者像游戏中的 SL 功能（存档功能）一样，不断从重要的存档处加以读取。那么，人生会多么美好！我一定会拥有一切：美好幸福的生活、重要的职位、汽车、豪宅、关注、荣誉感……

这样的想法，许多人或多或少都有过。然而，我们在自以为是的情景代入并陶醉其中时，却忽略了这样的事实——失去的人生永远无法追回，唯有珍惜现在、把握现在、展望未来才是根本。因此你需要问自己：我到底为何迷茫？

对于我们整个人生而言，或许迷茫与失败并不能意味着什么。

但你在追求的职途中，若不能拔除迷茫与失败这两颗毒瘤，就别怪这世界对你不够温柔了。

迷茫的人现在不一定失业，但是长期失业的人一定很迷茫。迷茫不仅容易导致失业，更易导致失败。无谓的迷失，对当下的不甘心，对未来的不可知，对职业生涯的迷茫，只能让人丧失奋斗的信念和能量。

在知乎网、百度贴吧和天涯社区等社交网站上，每天都会有很多人希望走出职业困惑、远离迷茫。

我曾经针对数百名在职的朋友做过一个市场调查，结果有超过 60% 的在职朋友对未来很迷茫。

难道迷茫或失业的朋友都不想远离迷茫和失业吗？

当然不是，我相信，每个人都希望自己的生活变得更好、尽快远离迷茫、不再失业。

那么，为什么他们自己很难走出迷茫的怪圈？

在市场调查中，我询问迷茫的朋友如何去远离迷茫（见图 1-1），竟然有超过 60% 的朋友觉得：这事不急，现在忙，过一段时间再说——他们面对迷茫时，选择是暂时不管。

你是如何远离迷茫的？

处理态度	处理方式
暂时不管	这事不紧急，现在忙，过段时间再说；
自我探索	通过看书、看帖、看文章、看视频等；
询问他人	找朋友、家人、亲戚或其他熟人
咨询专业人士	找行业精英、资深的职业咨询师等

图 1–1　关于如何远离迷茫的职业调查

通过咨询的分析总结，迷茫的朋友走不出迷茫怪圈的原因有三个见图 1-2：

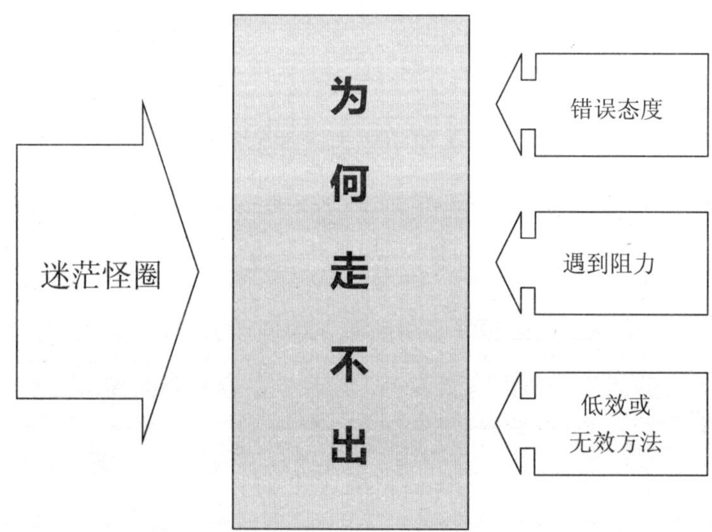

图 1–2　难以走出迷茫怪圈的原因分析

（1）错误态度

日本第一生命经济研究所，曾经以全国3000名男女为对象实施了规划的调查，结果显示多达54.7%的人表示没有规划。而61.8%人认为“现在的生活已经够焦头烂额了”哪有时间去规划。一个人之所以迷茫、之所以现在的生活焦头烂额是因为他们过去缺乏规划。如果他们现在还不规划，那么未来的生活会更加糟糕。所以面对迷茫时，我们首先需要有一个积极的态度——想办法去远离迷茫。

（2）遇到阻力

我曾与咨询者分享过一则故事：当渔民抓到第一只螃蟹放入螃蟹的器具(是一个一端封死的竹筒)后，一定要把竹筒盖上，否则螃蟹就会爬出来。但是当捉到第二只螃蟹时就无须把竹筒盖住了，因为此时竹筒里的螃蟹再也不会爬出来。因为当一只的螃蟹要往外爬时，另一只会死死地钳住它往外爬。所以如果你已经迷茫或失业，你想远离迷茫时，你也会遇到阻力，你需要警惕身边的“螃蟹”。

（3）低效或无效方法——自我探索（低效）和询问他人

我从2011年开始通过QQ+语音的方式，为来自全国各地的朋友提供职业生涯规划咨询服务。我对来自全国数百位做过咨询的朋友进行过统计：其中15%的人还没参加工作；70%人工作年限在5年以内。也就是说，多于80%迷茫或失业的朋友都在30岁以内。

因为年龄的因素、眼界的限制、经验的缺失等，迷茫的朋友很容易采用错误的方法、运用错误的逻辑在思考和探索，这样就容易陷入一个误区：不断用老方法在一个固有的思维模式里找答案，结果是很难找到正确答案！

无论如何，你有职业困惑就要解决，否则问题会一直存在。

人生最大的失败就是迷茫。

《解忧杂货店》[①] 中有句话说："对不起，我连个败仗都没能做到"。

当然，迷茫并非失败的唯一因素。通常来说，导致一个人的职业失败主要有以下三大原因（见图 1-3）：

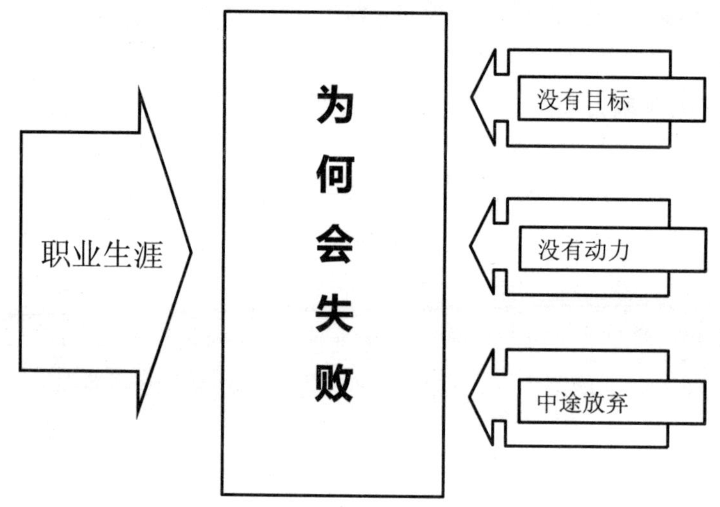

图 1-3　导致职业失败的原因分析

（1）没有目标——每个人都愿意去征战，但是如果没有征战的方向，他就不知道自己要往哪里去征战

具体表现为不清楚长期的职业方向、短期的职业目标以及职业生涯定位。正因如此，你经常会盲目地换目标、换行业、换城市、换公司、换工作，以至于离成功越来越远。

① 《解忧杂货店》：日本作家东野圭吾写作的奇幻温情小说。该书获得第七届中央公论文艺奖、苹果日报翻译小说销售排行榜连续两季第二名，荣登纪伊国屋、诚品、博客来、金石堂各大排行榜第 1 名，亚马逊中国 2015 年度畅销图书榜第二。

（2）没有动力——动力源于你对目标的渴望

很多人有了目标之后缺乏动力。具体表现为：行动缓慢、不愿意付出、做事不用心、不尽力、情绪低落、很容易受到诱惑。可能的原因有：

- 目标不是真正发自内心的、不是自己感兴趣的，所以没有欲望去达成——唯有你内心的渴望才会让你成为一名真正的勇士；
- 不清楚如何去达成，缺乏具体的方法——如果你有足够的征战的意愿，还会担心没有方法吗？
- 自己懒，不愿意付出——唯有通过自己的浴血奋战获得的才值得；
- 目前衣食无忧不愿意改变——要么去征战，要么苟且地活着。

（3）中途放弃——征战不是一蹴而就，而需要奋战到底才可以获得最终的胜利

有了目标和动力之后，只要不断前行，到达目的地只是时间问题，但是还是有很多人没有达成目标——因为他们中途放弃了。可能的原因是：

- 一是目标过于远大——过于远大的目标如果没有实力和勇气去支撑，你就会觉得很遥远；
- 二是行动过程中不开心——因为你没有弄清楚到底为何而战；
- 三是行动的结果低于预期——享受征战的过程，把荣耀献给未来。

★ 给自己一个支点，莫让人生走向穷途末路

纵使迷茫和失败是人生的必经之路，但若一直处于迷茫与失败的状态，未来就很可能成为你人生的穷途末路，也会让你失去征战的勇气！

阿基米德说："给我一个支点，我可以撬起整个地球"。想要远离迷茫，你也需要一个支点。

以下几种方法，也许能帮你找到职业生涯的支点。

① 树立正确的观念：职业生涯规划始于职前，对自己今后的职业生涯应该尽早规划。

② 你的梦想、未来的规划必须和你的职业发展图息息相关——职业生涯就是一场生涯的征战。

③ 关于未来要有明确的描述：制定征战的地图和路线，描述你征战后的王国，设想征战图中的风景以及可能遇见的凶险。

④ 从近期规划中找到最重要的事：让自己一直行在征战的路上，偶尔的歇息和调整，只是为了蓄积能量为进一步的征战做准备。

⑤ 找对人、借对力——你可以借助好的职业生涯规划师、行业资深人士或一本好书远离迷茫。你不是一个人在战斗！你可以借助骏马奔驰，你可以借助飞行器翱翔，你还可以借助他人的智慧。借力使力才不费力。

追梦的路上总会有感人的、失败的、沮丧的、喜悦的事情，很多精彩的故事等着你。未来的路不会平坦，正因如此，每个人的人生，都像是一个未完待续的故事，需要你用梦的支点撑起自己想要的人生。

无论现实怎样不可改变，世界如何残酷，你都要坚信，自己有一双翅膀，可以让你在现实里自由飞翔，哪里有属于你的风，就飞多远吧！

2. 要么勇敢去征战，要么就待在家

通过多年的咨询服务，我发现，找我咨询过的数百位咨询者，他们都有一个共同的特点——他们没有理想、志向或梦想，即没有征战的方向，具体表现为（见图 1-4）。

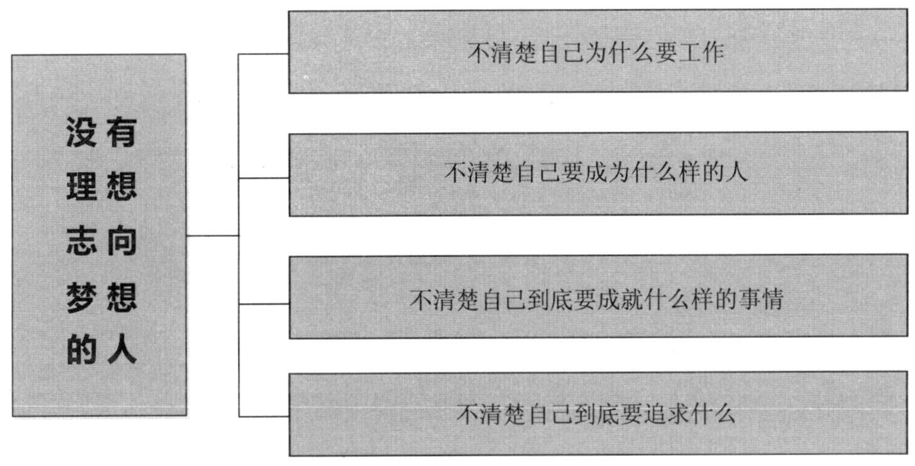

图 1–4　没有理想、志向或梦想之人的具体表现

这也是一个人之所以迷茫的宏观原因。

因为没有理想、志向和梦想，人生就缺乏一个征战的方向。仿佛大海中航行的船只，如果没有罗盘和灯塔，它就会迷失方向。亦如一个醉酒的人上了 TAXI，司机问他要去哪里，他说，不知道（或者说，随便去哪里）。这时，司机就会感到茫然——不知道要把车开往哪里去。

那么什么是梦想、理想和志向呢？

理想是理性的，梦想是感性的，空想和幻想都是不切实际的。我个人更喜欢用志向这个词——作为成年人，做事的决心很重要（很多事情并非你没有能力去做）。另外，立定志向的时候，你可以感性一点，立定一个宏伟的志向；你也可以理性一点，基于现实的基础去展望未来（见图 1-5）。

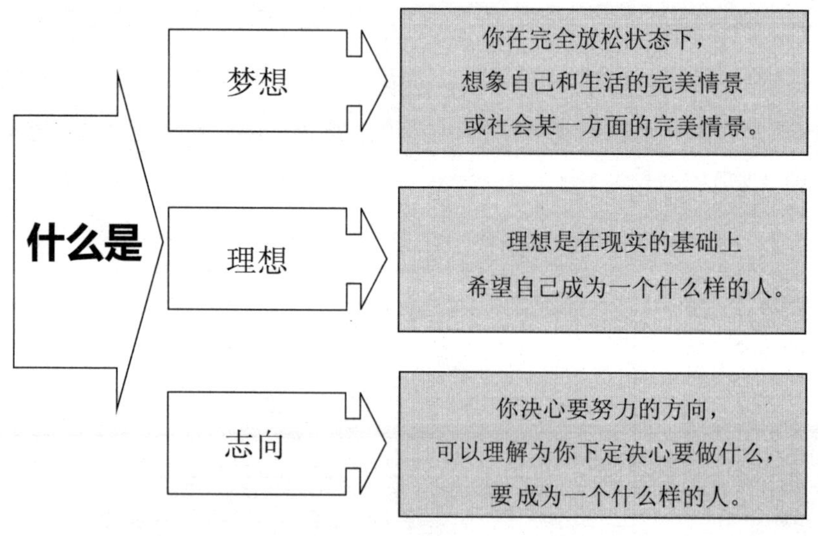

图 1–5　理想、梦想、志向的含义

如果你过去没有什么志向，那么你可以从现在开始立志！

★ Stand up or Go home

说到立志、做事的决心，这让我脑海中突然浮现出《当幸福来敲门》[①]中的场景：男主角 Chris Gardner 在人生中最穷困潦倒的一刻，不得不在某车站的厕所里过夜，但他从来没有放弃过自己的梦想。

① 《当幸福来敲门》：加布里尔·穆奇诺执导，威尔·史密斯等主演的美国电影。影片取材真实故事，讲述了一位濒临破产、老婆离家的落魄业务员，如何刻苦耐劳的善尽单亲责任，奋发向上成为股市交易员，最后成为知名的金融投资家的励志故事。

在你的整个职业生涯中，一定会有许许多多的梦想。很多事并非你没有能力去做，而是需要决心并拼尽全力去捍卫梦想。

要么就勇敢去征战，要么就滚回家里去。你没有别的选择（至少没有更好的选择）。

年轻时的我们往往只看到那些闪闪发光之人身上的闪光点，却不知他们如何才换取了想要的人生——每一位成功者，他们私下都付出过很多努力，他们流过汗、流过泪、流过血，他们经历过挫折和苦难的历练……这些，我们常常忽视了，我们只是关注了他们成功的光环。

2009 年，我开始立志成为一名人生规划师的时候，我的基础几乎是零，当我决定创作一本人生规划书时，我其实没有任何写作经验，另外，当时刚刚结婚 3 年，孩子也才 2 岁，我爱人只是一般的工薪族。但我当时有破釜沉舟的决心——我一旦下定决心去征战，我就会全力去做，专注去做。于是我花了两年多的时间创作了《新规划——带我们走向美好未来》。

同年 10 月，我在百度人生规划吧看到很多人处于迷茫状态。于是，我发布了"无条件免费做人生规划咨询 1 年"的帖子（见图 1-6）。

通过 1 年的免费咨询，我了解到迷茫的人最需要的不是人生规划而是职业生涯规划。

2012 年开始，我调整了自己的志向——做一名优秀的职业生涯规划师。

不知不觉，我已经提供一对一职业生涯规划咨询服务 5 年多了。5 年多的咨询服务虽然也协助了数百人远离了职业迷茫，但是还有更多人一直都在迷茫中，所以几年前就开始准备创作本书，希望通过本书可以让更多人远离迷茫。

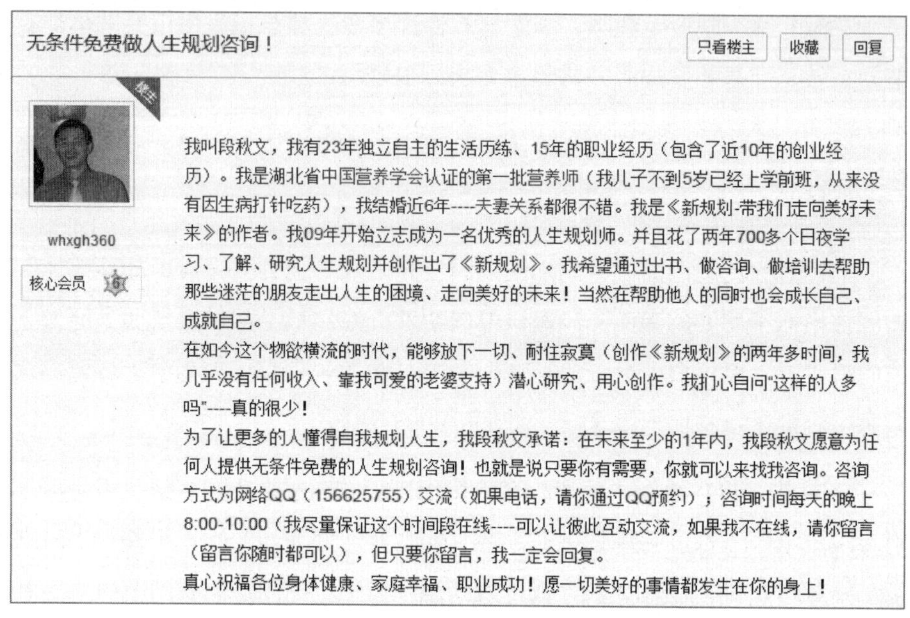

无条件免费做人生规划咨询！ 只看楼主 收藏 回复

楼主

whxgh360

核心会员 6

我叫段秋文，我有23年独立自主的生活历练、15年的职业经历（包含了近10年的创业经历）。我是湖北省中国营养学会认证的第一批营养师（我儿子不到5岁已经上学前班，从来没有因生病打针吃药），我结婚近6年----夫妻关系都很不错。我是《新规划-带我们走向美好未来》的作者。我09年开始立志成为一名优秀的人生规划师。并且花了两年700多个日夜学习、了解、研究人生规划并创作出了《新规划》。我希望通过出书、做咨询、做培训去帮助那些迷茫的朋友走出人生的困境、走向美好的未来！当然在帮助他人的同时也会成长自己、成就自己。

在如今这个物欲横流的时代，能够放下一切、耐住寂寞（创作《新规划》的两年多时间，我几乎没有任何收入、靠我可爱的老婆支持）潜心研究、用心创作。我扪心自问"这样的人多吗"----真的很少！

为了让更多的人懂得自我规划人生，我段秋文承诺：在未来至少的1年内，我段秋文愿意为任何人提供无条件免费的人生规划咨询！也就是说只要你有需要，你就可以来找我咨询。咨询方式为网络QQ（156625755）交流（如果电话，请你通过QQ预约）；咨询时间每天的晚上8:00-10:00（我尽量保证这个时间段在线----可以让彼此互动交流，如果我不在线，请你留言（留言你随时都可以），但只要你留言，我一定会回复。

真心祝福各位身体健康、家庭幸福、职业成功！愿一切美好的事情都发生在你的身上！

图 1-6　百度贴吧帖子之“无条件免费做人生规划咨询 1 年”

总之，我觉得，当我开始决定涉足规划领域去征战，我开始努力专注去学习、去实践、去领悟，只要你努力、专注——行在征战的路上，那么你就会有成功的可能。

我们每个人的一生都是一趟征途，都是一次征战，上帝在亿万精子和卵子中拣选了我们，我们就已经是赢家，上帝在创造我们的那一瞬间就已经有了伟大计划——就已经赐予了我们伟大的使命。但是上帝不会轻易把这个计划告诉我们，需要我们自己在成长的过程中寻找。就如玩“逃离密室”游戏一样，需要你不断思考，不断寻找，不断尝试；当你经历千难万险明白了自己的使命时，上帝也不会轻易让我们去实现这个伟大的使命——如果轻易就可以实现，我们会骄傲、会自信心膨胀甚至会放纵自己。我们必须要有破釜沉舟的决心；我们必须要经历苦难的磨炼、心灵的折磨；我们必须要勇往直前、经过浴血奋战、浴火重生才可以完成这伟大的使命。就像《勇敢的心》中的主人公华莱士，唯有通过奋斗、征战赢得荣誉才配得上英雄的称号。

职业生涯规划就像永远为自己的人生留一盏灯，失落时、希望时、踌躇时、坚定时……你都可以轻轻点亮，它所照耀的每一日每一处，都是你收藏的梦想与瞬间的钻石。有了它，我们就会拥有征战的方向和前进的动力。

迷途职返

一个人最好的状态就是热情而理智地面对自己的职业生涯，哪怕经历苦痛的生活，走过一座又一座城市，穿越人来人往的街道，见证一次又一次成功与失败。当别人质疑你时，你也可以问心无愧地说，我一直在征战，我从来不曾退缩过。

3．来一场与内心深处灵魂的对话

我非常喜欢著名影星成龙的一部动作影片《我是谁》。在电影中，被失忆困扰的成龙在非洲原始森林里不断寻找着“我是谁”这一问题的答案，同时还直面来自外界的不同危险。

电影的结局是皆大欢喜的，以英雄形象出现的 Jackie Chan，终于明白了自己所承担的角色。

但电影毕竟不同于生活。在我们的职业生涯中（尤其是早期），很多时候，我们都需要与灵魂深处的自己对话。

简单来说，与灵魂深处的自己对话的目的，就是要清楚：你是谁、你想要什么、你打算怎么办。如果有可能，对话之前最好找一片旷野，这样就更容易听到自己内心深处的呐喊。至少你得找一个非常安静的地方。

（1）你是谁

在张德芬《遇见未知的自己》的第一章，老人问李若菱：“你是谁”？

我是我的身体和我的灵魂或精神的结合体，我是独一无二的，我是与众不同的，我有自己的志向和使命，我有自己独特的个性……我是谁区别于我不是其他人。然而很多人却忘记了我是谁（见表 1-1），已经被这个社会同化了。

表 1-1　关于“我是谁”的探索

关于“我是谁”的探索	
李若菱的回答	老人的回复
我叫李若菱……	不是，名字只是代号
我在一家计算机公司上班，我是负责软件产品的营销经理	职称和职务不明确，过一段时间你可能换
我是个苦命的人，从小父母离异，只见过父亲几面，十岁以前都由外祖父母抚养，继父对我一向不好，冷酷疏离。为了脱离家庭，我早早结婚，却久婚不孕，饱受婆婆的白眼和小姑嘲讽，连老公也不表示同情。工作上老遇到小人，知心的朋友也没几个……	这是你的一个身份认同，一个看待自己的角度。你认同你自己是一个不幸的人，是多舛的命运、不公的待遇和他人的错误行为的受害者。你的故事很让人同情，不过，这却也不是真正的你
我天生聪明伶俐、才华洋溢、相貌清秀、追求者众多！我是大学毕业的高才生，收入丰厚，我老公……	你很优秀！但这又是你另外一种的身份认同，也不是真正的你
我是一个身心灵的集合体	那也不全对。你是你的身体吗
应该是啊！为什么不是	你从小到大，身体是否一直在改变
我是我的思想、情绪、情感……	也不是，你可以感知你的思想、情感、情绪，但是他们不是你
我是我的灵魂	很接近，不过我是谁这个问题很难用语言去形容。但是“我是谁”，和“我不是谁”相对应

从心理学的角度来看，要真正了解自己是谁，意味着明确自己的特征，包括你的性格优势、劣势、意愿（你的想法、兴趣爱好、价值取向等）等。这样，才能认识藏在内心的那个我。

由于每个人的性格优势都会有差异，而且每个人的想法、兴趣爱好和价值取向都会有所不同。日常生活中强调“他比较有个性”，实际上是指其个性表现出的特征比较明显，而“这个孩子没什么个性”，当然同样也是说个性特征被隐藏起来。

所谓个性特征，也可以理解成我们每个人在社会活动中被识别的程度。正如同每个人的面部特征一样，有些人虽然长得并不天生丽质，但天然具有看上去就难以忘记的特征，以至于见过一面后就难以忘记，而有些人虽然长得五官端正堪称清秀，但却偏偏是个“大众脸”，走进人群往往很难被发现。而个性特征，也就是不同的“自我”在进入社会活动以后，表现出来的较为稳定的成分。

用下面的图示可以表明个性特征的组成部分（见图 1-7）。

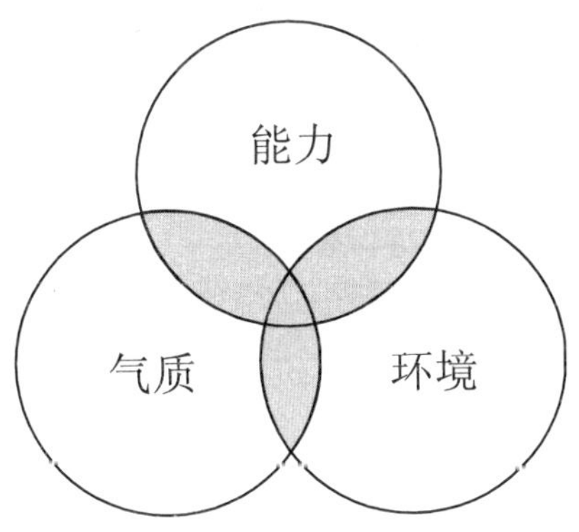

图 1–7　一个人个性特征的组成部分

人都是环境的产物（环境给予我们刺激，但是我们可以在环境给予我们刺激的同时做出不同的选择，如果你做出积极的选择你就会变得更好，你的外部世界也会变得更好；反之，你做出消极的回应，你就会进入一个恶性循环），天生的气质经过后天环境的塑造形成性格，能力也是我们在成长过程中受到环境的影响而形成的。

每个人外在体现出的能力、气质和环境之间的交集，将表现成为他们明显的个性特征。这也就意味着，个性特征是人们如何区别自我和他人的最重要依据，而分析自己的个性特征，也是正确看待自我的重要途径。

当然，关于“我是谁”这个问题，每个人都或多或少有自己的答案。

我不禁想起丽兹·维拉斯奎兹（Lizzie Velasquez），这个在网络上被称作“全世界最丑的女人”，由于她生来就没有脂肪组织。一天即便吃 60 顿小餐，她依然骨瘦如柴，体重从未超过 27.3 公斤；左眼睛是棕色的，右眼发蓝且已经失明。她的病令全世界的医生感到震惊和困惑（全世界只有三人受此病（马方综合征）的困扰）。为此，不同寻常的她被称为“骷髅女孩”。但她却以自己的罕见经历著书，并在 TED 上发表了演讲名为《一颗勇敢的心：丽兹·维拉斯奎兹的故事》的演讲：

“从我出生的那一刻起

医生就叫我父母不要期待任何事

他们说我将不停地哭

他们说我永远不会说话

永远不会走路

永远不会爬

他们说我将做不了任何事

而我的妈妈说，‘我要带她回家，尽我们所能爱她，抚养她’。”

生活并没有让 Lizzie 心灰意冷，父母视她为正常人一样呵护。

直到她的一段只有 8 秒钟、没有声音的视频在 YouTube 上走红，自此她被冠以“世界最丑女人”“骷髅女孩”这样的称号。

YouTube 上无数评论对她说“你应该自杀”“你父母怎么不把你掐死”……

面对流言和一次次攻击，她决定站起来，微笑面对。最终，她成为 TED 讲台上最激励人心的演讲者之一，在困境中给人带来正能量。

无论是先天的疾病还是后天的生长环境都没有将她打败，她经历了一场“世界最丑的女人”和她自己内心的斗争和灵魂的对话。她发现了那个坚强、勇敢的自己，并且意识到，最好的反击就是让他人看到自己的成就。

最后，她赢了。

如她所言：“这是我的磐石，带我走过一切；就是有时间一个人待着，祷告，和神对话，并且知道他在那里听我，即使有时在黑暗的时刻，这些事情好像看起来永远不会好转，如果你有信心，继续鼓励自己，你最终会度过一切。”

为了真实地袒露你的内心自我，你可以试着在自己身上寻找更多先天特性和后天角色等要素，从而进一步发现自己是谁。

（2）你想要什么

在心理学上，价值观具有明确的特征和定义。

价值观代表着我们对不同人、不同事物的总体评价和看法，从这样的评价和看法中，我们将了解这些客观事物的重要性和意义所在。

由于价值观的形成和发挥作用，我们从婴儿到成年的过程中，将逐渐形成对于自己是谁，这样的看法，将决定我们的自我认知，决定每个人的理想、信念、生活目标和追求方向。

价值观的取向和追求，形成了我们职业发展的价值目标，这些目标将体现在我们在职业生涯中追求的一切事物和状态上。为了能更加有有效评价这样的目标，我们还将用价值作为尺度和准则来进行自我评价。

你可以尝试回答下面的问题，并这样去发现自己的价值观：

- 不同职业生涯时期，我想要什么？
- 我想得到的主要关于物质，还是主要关于精神状态？
- 我是否在乎他人怎样评价我想要的目标？
- 我的想法比较容易实现，还是相对困难？
- 我在怎样的环境下会改变自己的梦想和欲望？

显然，每个人在回答这些问题时，给出的答案都不相同。

其实，“要什么”问题的答案，也正由上面这些答案所构成。

这个测试告诉我们，每个人对于世界的判断标准，大都取决于他们自身的需要，并按照个体内心的尺度进行评价。另一方面，上述问题的答案，并非你在职业生涯短期内就能明确或者加以改变的。

我曾经认识一位企业老总，他从小生活在比较贫困的家庭，成年后依靠自己的奋斗获得了数百万的资产。但直到现在，他都受当年父母教育和家庭情况的影响，觉得开口向别人借钱或者任何东西都是很伤自尊的事情。因此，在生意上，除非万不得已，他很少主动向银行借款融资，而在个人生活上，有一次，老总忘记带钱包，而汽车又送去维护，他索性步行走了一小时回家。

在这位老总看来，一旦自己“沦落”到要向他人借钱，那么，自己一定错了，世界也一定出现了问题。好在，直到目前为止，他没有向任何人借过钱。同样，他的梦想目前也还是“赚更多的钱，做更大的企业”。这样的梦想在他职业生涯中还会稳定延续下去，甚至不会有丝毫改变。

当然，绝大多数人的价值观都是合理的，并且同他们学习过的书本知识并没有太多的交集。梦想和欲望并不等同于知识和理论，虽然两者有相互交叉的关系，但并不会完全重合。这是因为知识和理论告诉你的是“知道什么”和“懂得什么”，但价值观却在这个基础上，向你指出“相信什么”和“想要什么”，以便采取行动。

我想要什么，属于梦想的感性层面，但因人的欲望永无止境，想要的太多，大家可以从理性的层面来问自己——我需要什么，哪些需要是我们必不可少的，另外，推荐大家可以去了解一下马斯洛需求层次理论。

（3）你打算怎么办

用你拥有的去追求、去征战、去创造你想要的，一定要舍得。

明白你是谁和要什么之后，另一个重要的过程将逐渐展开——明确自己应该怎么办，对于这个最后问题的解决，就是对方法论的认识和阐述。

一位咨询者小杨曾经和我吐露过这样的职场遭遇：

作为公司的新人，他的工作相当努力，也获得了不少业务上的成长和突破，在进入公司大半年后，小杨已经为自己供职的市场部签到了两三个大客户的单子。然而，小杨的成绩不仅令其他新同事嫉妒，连上司也心里不悦——无论向上级汇报或是和其他部门协作，上司都有意无意地把签下单子的成绩归结于他自己。

对此，小杨不仅无法理解，甚至觉得自己做得多也就错得多，自己的问题就在于太想表现自己，或者根本就是进了一家错误的公司工作。

其实，小杨面对的问题，并不是他无法确定自我角色，也不是因为他的价值观需要如何调整。也许只需要在与人相处的方法上做适当的调整。同小杨一样，我们在正式开启职业生涯后，总会遇到不同形式的困难烦扰，需要采取良好的方法才能独立面对和完美解决，让内心和外在的自我变得足够强大，不断成长，走向成功。

我给小杨的建议是：

① 懂得欣赏自己——自己做出成绩，遭受上司、同事的嫉妒不是我的错，是我努力和能力的体现。

在职业生涯中，无论是面对客观还是自我的问题，你必须要学会看到自己的不同之处，发现其中的优点，同时延伸到具体的行动中。

例如，适时和自己对话加以感受，通过重新观察自我的外形或语言特点来寻找信心，等等。

当你能够用正确方法来接受自己的不足，并充分懂得欣赏自己的优势时，你会发现，自己的生命力量可以获得充分地彰显和释放，自我的潜能也可以得到最大的利用。

② 学会欣赏他人——虽然他们妒忌我，但是他们也一定有值得欣赏的一面。

在解读小杨的故事之前，我们要看到，他的同事和上司如何看待其业绩，或多或少带有其主观解读的因素。当一个人没有学会用实用方法论去欣赏他人，就经常会因为自己的主观感受来认识事实，或许，上司只是希望自己在业绩中的分量不至于被小杨抹杀，而新同事则希望从羡慕中得到精神动力。如果小杨掌握了正确的方法用善意和欣赏的眼光来看待他们，可能就不会觉得不公。

③ 反思自己——不仅仅是业绩让他们嫉妒，也许是你自己的某些行为让他们不满。可以通过改变自己来适应环境，从而建立和谐的人际关系。

尝试换一种眼光和身份去解读职业生涯中的种种困境，用不同的利益取向和时空长度来衡量那些表面现象，你将发现，那些原本令人不堪忍受的事情，其实或多或少都有其存在的合理性。

例如，改变自己的说话语气和行事风格等。

④ 懂得接受——生活中，改变不了的要试着去接受并积极、乐观面对。

即使我们学会了所有的实用方法并用来指导自身之后，我们还是应该了解接受的方法。

有朋友开玩笑说，与自己对话是“疯子”。

但在我看来，这是一次自我反思的机会、是一次心的探索。

唯有如此，我们才能循序渐进地从根源上切除迷茫与失败的两颗毒瘤。

迷途职返

人类，宇宙的精华，万物的灵长。真正的自我，应当是一个充满灵性的所在，而这个与内心深处灵魂对话、寻找真正的自我的过程，将是你阅读后面章节之前最重要的任务，更是你职业生涯旅途中，不可或缺的任务！运用这种能力，你会看清更多事物的本质，在今后的职业生涯中走得更加顺遂！

4. 为你的人生描绘一幅理想职业发展图

几乎每位向我咨询的朋友都希望我能帮 TA 描绘一幅“理想职业发展图”。从而让他们像在现实生活中拥有一张地图一样——有了地图想去哪里都可以。

在帮大家描绘这幅图画前，先来说一个有趣的现象。

我发现，现实生活中有很多人还没中奖（甚至还没去买彩票），就急着做起规划——如果我中奖了怎么怎么样，甚至很多人都喜欢替彩票中奖者做规划。

原因何在？

2011 年 6 月，重庆体彩大乐透开出巨奖，将近高达 1.7 亿元人民币。这个消息迅速以开出巨奖的彩票投注站为中心，传播到整个城市，并很快在互联网上引起更大范围的热烈讨论。同年 8 月，浙江杭州福彩更开出高达 5.65 亿元的巨奖，更让无数人艳羡之余纷纷讨论，其中，声音最强的还属于替彩票中奖者做规划的群体。

对这些声音具体分析，大致可以分为几个“流派”（见表 1-2）：

表 1–2 乐于为大奖得主做规划者的几个“流派”

乐于为大奖得主做规划者的几个“流派”	
流派	分析
享受生活型	这类规划者提出，彩票中奖者应该立即改变生活走向，先是包机全世界旅游，住最好的酒店，吃最好的西餐，买最好的时装，看最好的表演
投资理财型	这类规划者提出，中奖者在城市中心买个十来套房产再说，也有人建议开办实业，还有人建议不要那些大风险投资，直接放在银行赚利息也能很妥当地维持幸福生活

续表

乐于为大奖得主做规划者的几个“流派”	
流派	分析
公益付出型	这类规划者提出，中奖者完全可以在改变自己生活的情况下，将奖金捐献给慈善事业如红十字会、壹基金或者希望工程等，只有这样，才能实现物质层面和精神层面的共同提升
惠及亲友型	这类规划者提出，中奖之后不仅要改变自己的生活，还应该能够改变父母家人、亲戚朋友的生活，必须要拿出充分的财产来和他们共同享有
改变环境型	这类规划者提出，相比较于享受或者回报而言，改变下一代的环境更为重要，只有让这次中奖能够变成下一代获得更高起点的契机，才算对得起这样的飞来横财

由于众多声音的不同，一些人甚至还发生了争执，乃至上升到人身攻击。但他们显然忘了思考一点——为什么我们喜欢并如此积极地为中奖者做出规划？

很显然，彩票中奖者从购买彩票到中奖再到之后的一系列行动，都是其个人收益和行为，同其他人并没有多少实际关系。从这个角度来看，为彩票中奖者作出规划，更多是为了满足自身的内心需要，也就是“期望投射”效应，将自身本来具备的情感、意志特征，直接投射到外界，投射到他人身上，并强加于人地认定他人也是如此。

在这样的心理表现下，人们才更多地喜欢对别人的中奖做出规划。

当然，另一种心理效应也不应忽视，即“路径茫然”心态。

在这种心态影响下，许多人无法通过寻找正确的路径来实现自己的理想，因此，他们往往选择直接将期望寄托在有机会实现理想的个体身上，从而跳过“路径茫然”的阶段。同样，这种心理效应的过度作用，也会造成不公平感或挫败感。结果便是，对职业生涯感到越来越迷茫，与理想的职业渐行渐远。

其实，不只是彩票，我们的职业生涯规划亦如此。很多人对自己的职业生涯一片茫然，却乐于为他人做规划，实则是将自己暂时实现不了的愿望强加于人（精神寄托，比如很多父母都把自己没有实现的梦想强加于孩子身上）。这种“路径茫然”的心理往往导致我们更加难以找到理想职业的发展规律（见图 1-8），从而培养起自己真正的职业兴趣。

图 1-8　关于职业生涯与发展规律的漫画

理想职业发展规律中的关键词是：

好奇心→兴趣→特长→专业→职业→专注和成长→成功。

根据理想职业的发展，你可以设计一幅理想的职业生涯发展图（见图 1-9）：

从这幅图中你会发现：

职业开始于就职或创业，但是职业发展的源头是培养兴趣并形成特长，并在这个基础上形成自己的职业兴趣，从而选择专业和职业。

总之，万事万物都存在一定规律之中，职业生涯也不例外。

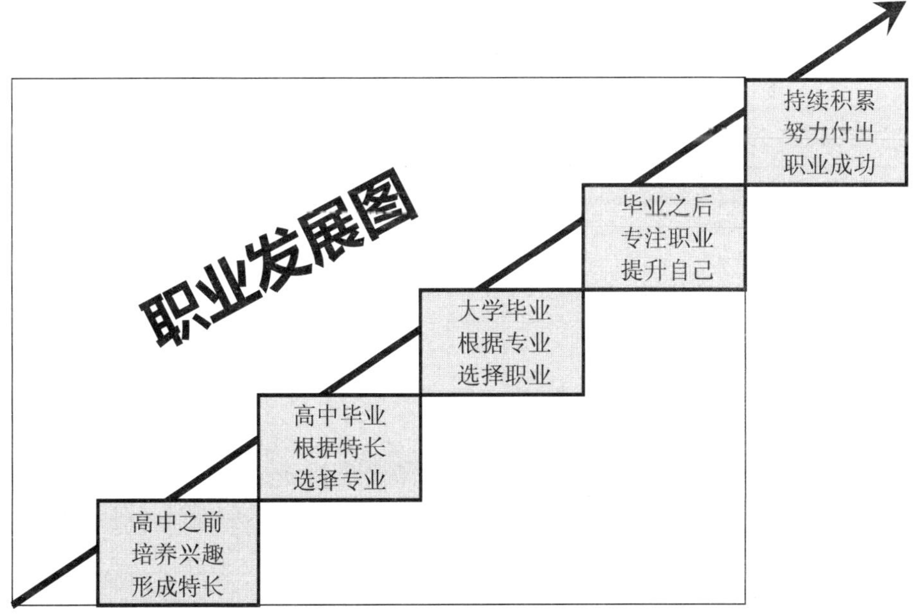

图 1-9　理想的职业生涯发展图

找到了规律，接下来，你就可以尝试培养职业兴趣，激发做事潜能。

唱歌、跳舞、书法、画画、运动……

每个人的兴趣都不少，但职业兴趣却不多（有的人甚至没有）。

因为没有职业兴趣，所以很多人的职业缺乏根基，所以职业很难有突破性的发展。

★ 尽早培养自己的职业兴趣是职业发展的关键

很多人（尤其是男性朋友）都喜欢篮球、NBA。但是细细分析发现——这些人的喜好可以分为三个层次（见表 1-3）：

表 1-3　喜欢篮球、NBA 之人喜好的三个层次

喜欢篮球、NBA 之人喜好的三个层次	
层次	分析
单纯喜欢	他们只是喜欢看篮球比赛、自己很少参与这项运动（也许曾经参与过）
业余爱好	他们不仅喜欢看篮球比赛而且自己经常参与这项运动——我就是这样的一个爱好者，在上学的时候就喜欢篮球，工作十几年后我现在依然喜欢。不过不管是喜欢看，还是喜欢参与这项运动，我们都没有将自己的兴趣转化为职业。所以这些兴趣被称为业余爱好——对我们的人生有帮助，但是对于职业本身没有什么直接的作用
真正热爱 积极付出	他们不仅喜欢而且从小就热爱这项运动——他们在这项运动上全心投入、付出并形成了专业的能力，最后他们成为职业篮球运动员。当然，他们的天赋、身体条件会有差异，所以他们的成就会有不同。但是他们都热爱这项运动。因为热爱，所以他们即使没有取得想要的成就，他们都会享受这项运动的乐趣。还有一些热爱篮球的朋友，他们也许因为天赋等原因没法直接成为篮球职业运动员，但是他们通过自己的努力成功进入了与篮球相关的领域找到了自己喜欢的职业——例如篮球评论员、体育记者等。只有那些热爱的兴趣才可以成为职业兴趣，有了职业兴趣就可以立定自己的志向

寻找兴趣——你可以通过下面 5 个问题来发现兴趣（见图 1-10）。

图 1-10　寻找兴趣的 5 个问题

关于上述 5 个问题，如果你心中有明确的答案，说明你已找到自己的兴趣。

兴趣到志向的唯一途径就是专注努力付出。

从小喜欢弹钢琴的人很多，但最后通过弹钢琴发展自己的职业的人却很少，是因为很多人只喜欢而已，他们没有将自己的喜欢转化为职业兴趣。而郎朗、李云迪等钢琴家却不一样，因为他们将喜欢转化成了职业兴趣。他们不断学习、不断训练和领悟让自己在这个领域不断成长、成功。从而让自己成为这个领域的专家、内行并形成了自己的个人品牌，很难被人替代。

李开复老师曾说过：“兴趣就是天赋，天赋就是兴趣。”兴趣是助你今后做好每一件事情的原动力！

职业生涯不仅需要勇敢而无畏的演绎，更需要理智与清醒的认知，在找到规律的同时，需要去发现自己的兴趣并立定自己的志向！

5. 就业准备：我来了！我征服！直到成功

目前大多数的民营企业招聘条件，基本上都是大学学历以上。许多低学历的朋友，在职业发展中都会面临这样的尴尬——进国企、考公务员、进外企基本上没戏。

先来看一个咨询案例。下表是一名高中毕业生 4 年的工作经历（见表 1-4）。

表 1–4　一名高中毕业生 4 年的工作经历

一名高中毕业生 4 年的工作经历					
行业	地点	岗位及职能	工作成果	选择该工作的目的	换工作的原因
KTV	深圳	服务员	没成果	工作半年多，求生	没前途
富士康	深圳	物料员	没成果	工作 2 年多，求生	没兴趣
王子工业	深圳	仓管	没成果	工作半年多，求生	没前途

该咨询者高中毕业就走入了社会，没专业、没技能，只能做体力和简单脑力的工作。这种高中甚至初中毕业就走入社会的人群只是诸多求职者的缩影，他们没学历、没经验。结果混了好几年之后，还是只能为了“求生”而工作。

所以我们如果不提升自己的学历，恐怕也只能做一些简单的、体力活的、服务性质的工作——例如进工厂做普工、在餐饮行业做服务员、在美容美发业做服务，在物流行业做接送货，在建筑行业做小工，或去企业做库管等。

★ 低学历就该一辈子都做低层次的工作吗

曾有一位初中毕业的女孩向我咨询。她的经历让我感慨：

她初中毕业后，就跑去父母在外打工的地方找工作，那一年她只有 14 岁。

过了一段时间，父母帮她在当地找了个中专学校学市场营销。一年后开始实习、自己找工作。由于她从小对茶艺感兴趣，从事的工作大部分都与茶艺有关（期间在青岛、北京、成都、乌鲁木齐工作过，她当时 21 岁，都是自己找的工作）。

她通过不断努力，成为一个非常优秀的茶艺师，而且还培训出了不少学徒，当然收入也很不错。

更让我佩服的是，茶艺师常常面对的都是一些有钱人，她身边很多茶艺师为了享受生活，自甘堕落。她却出淤泥而不染。不仅如此，她希望自己未来可以去做帮助老人、孩子以及弱势人群的工作。

虽然这个女孩学历、条件、出身等都不如身边的很多人，但我相信：她若继续努力，一定可以成就一个了不起的未来。

低学历只代表你过去没好好学或没条件学，说明你学历的起点比较低，但起点不等于终点，过去不等于未来。过去的学历也不等于未来的学历——你可以通过多种渠道提升自己，例如自考、成教，如今还可以通过网络去学习。所以低学历不是问题，最关键的是你要不要成长。

★ 大学生该如何成长或准备

准备① 学好专业早成长

一是为职业发展打下了好基础；二是对自己更有信心——学习专业也是一种能力，你学好了表示你有这个能力，会增强自己的信心；三是更容易求职成功——招聘方会根据你过去在学校的学习表现来推断你的未来的表现。这也是为什么很多企业都喜欢招聘名校和学习好的应届毕业生——仅仅是因为他们曾经表现好。

在咨询中，有很多大学生问到——我不喜欢自己的专业，我该怎么办？有如下几个解决方案：

一是如果可以，退学重考或换专业：有很少的一部分大学生，因为没有上喜欢的专业或上好的学校，他们选择退学重考；在大二之前，有部分高校可以在学院换专业。

二是选择辅修专业为自己的职业发展预备备胎：

在这里给大家介绍一个成功的案例。

她是读文科的，她自选的专业没被录取，被调剂到自认为一个前所未闻的专业——地理信息系统专业。她对这个专业毫无兴趣，但是她没有选择自暴自弃，而是勤奋努力，在学好本专业的同时，用心发展自己的兴趣——英语。大学毕业时，她不仅收获了毕业证书，还收获了“英语六级证书、计算机二级证书、学校甲等奖学金、全国大学生英语竞赛二等奖”，2010 年毕业之后进入了深圳的一家教育机构从事少儿英语培训，2011 年获该教育机构深圳大区年度“十佳优秀教师”。2012 年度被评为该机构的“教师之星”。如果她像很多其他大学生一样，仅仅因为不喜欢自己的专业就放弃好好学习，那么她毕业的时候就不可能进入教育机构做英语培训。所以她的故事应该可以给你一些启发！

三是积极调整自我——将不喜欢转化为喜欢。

a. 改变喜好是可能的：喜欢、不喜欢甚至讨厌只是一个人的感觉或意识，是完全可以改变的，比如，我之前讨厌吃苦瓜——从不吃苦瓜，但是当我了解苦瓜有很多营养——对身体的健康有帮助，我开始尝试吃苦瓜，慢慢地我也不觉得苦瓜苦了。

b. 也许，你只是因为“外在的因素”导致了你不喜欢——你不喜欢的不是专业本身而是那些可恶的“外在的因素”：比如因为父母强迫你选择了这个专业。从一开始，你就用抵触的心态去对待这个专业，你就肯定不会喜欢这个专业，其实你不喜欢的可能只是“父母的强迫”而跟专业本身其实没太大关系；

c. 不喜欢专业是很正常的。学习专业主要是以理论为主，专业理论的学习本来就会比较枯燥。

d. 不喜欢可能仅仅是你的第一印象：我们都有这样的体验，我们对某个人的第一印象好，我们就会爱屋及乌；而对某个人印象不好，就会觉得对方什么都不好。其实这个人好与不好，不会因为你的印象而迅速改变，他也不会因为你就会让他身上的缺点消失、优点增加。任何一个人都有好的一面和不好的一面，关键是你用什么样的心态去看待。专业也一样，任何专业要学好都不容易，任何专业都会有好的一面和不好的一面。所以当你遇到暂时不喜欢的专业，你也可以调整你的心态——将不喜欢变为喜欢。就如你遇到了一位第一印象不好的女孩，但是通过接触、了解，发现她身上有很多优点，你也会改变对她的第一印象并喜欢上她。

e. 即使学习不喜欢的专业也可以找到喜好的职业：我们学习专业的最终目的是让自己的职业发展有一个好的基础。大多数专业和行业的对应关系是1对1或1对多。而一个行业中会有很多工作岗位、很多工作机会。即使你没有学习自己喜欢的专业，只要你用心学好专业，你也可以找到真正喜欢的职业。

f. 学好专业后有不少好处：一是为职业发展打下了好基础；二是对自己更有信心——学习专业也是一种能力，你学好了表示你有这个能力，会增强自己的信心；三是更容易求职成功——招聘方会根据你过去在学校的学习表来推断你的未来的表现。这也是为什么很多企业都喜欢招聘名校和学习好的应届毕业生——仅仅是因为他们曾经表现好。

所以，千万不要因为“不喜欢专业”为借口，荒废大学的四年时光。还有一些大学生以自己的学校太坏、老师教学太差等为借口和理由放弃好好学习专业。这些已经是事实，你个人无法改变，你就需要积极去面对。不然走入社会，会面对更多实际问题，如果你只是找借口、只是逃避，那么你就会习以为常、养成逃避的习惯，那你有可能逃避一辈子、一辈子一事无成。

准备② 练就职业基本功，全面提升自己

练就职业基本功主要包括：

- 通用技能尽早学。

尽早学会一些通用的计算机应用软件——Word、Excel、PPT。

● 适当参加社会活动。

提升自己的沟通能力和公众表达能力，这是通用技能。

● 和同学友好相处。

与人友好相处也是一种能力。如果你以后想创业，要找创业伙伴，同学是很好的选择。

● 和老师处好关系。

不是要你去送礼，而是在学好专业的基础之上多去联系老师、帮他们做一些力所能及的事情。也许，毕业的时候他们可以帮你推荐工作。

● 广泛阅读。

在学好专业的基础上去广泛阅读，这是为了扩大自己的知识面、扩大自己的眼界。

● 积累职业经验。

暑假、寒假尽量去做一些和专业相关的工作；在没什么课程的情况下，要尽早去实习和就业。真正实用的技能、经验等都是进入社会、开始工作后获得的。

● 保重革命的本钱。

不要沉迷游戏、经常熬夜、不吃早餐，要多运动、多锻炼，好身体才是做好工作的前提。

学习的目的是提升自己和更好地发展自己的职业。

每个有条件的人都应该做好职前准备——学好专业、全面提升自己。这样就可以切除迷茫与失败的毒瘤，让自己赢在起点。

终有一天，你会微笑着对自己说：我来了！我征服！直到成功！

6．未来的每一条路都是你自己选择的结果

★ 当你走在每天必须面对的分岔路口

就业的同时也意味着不断面临选择。

选择的过程中，我们往往不知道自己的选择是不是正确，因为没有人能提前预知哪个才是正确的选择，但是如果我们有了人生的方向，选择就简单——和你的方向保持一致。

在人生十字路口，没有哪条路是绝对正确的，有的只是不同的风景而已。其中的一条路，或许会令你走得更加艰辛。但是，这并不重要，重要的是你选择了怎样的风景。如果你要在职业上取得成功，那你需要专注你的方向。

咨询者子沐在学生时代有着丰富的工作经验，曾担任过学院学生会副主席、新生辅导员等职务；曾获得工作优秀奖学金、优秀学生干部等多种荣誉；在毕业的岔路口上选择了考研和就业两手准备，在签订较满意的工作之后毅然放弃研究生复试的机会，带着对大学生活的怀念和对新生活的向往，自信地迎接未来的挑战。

毕业是一个十字路口，每个人都必须有自己的选择。

一位咨询者曾给我写过这样一段留言：

记得刚上大学的时候，对于未来的职业生涯我并有具体的规划，也没有多大的理想。当步入大四之后，很多人都为自己的前途感到困惑，我也是。

当我艰难地做出自己的选择后，回首四年的大学生活，有过许多的快乐，也有过许多的苦恼。面对考研还是工作，我始终矛盾不已。很多人都选择了考研，我却不大喜欢这个选择，因为实在有点厌倦学生的生活，当然也可能是因为大学期间自己学习成绩一直不好，所以对学习产生了一种厌烦的情绪。但是找工作就要将自己放到一个面对社会的选择的位置上，要有一定的勇气。或许是因为自己缺乏勇气的缘故吧，所以最终选择了考研。准备考研的日子虽然枯燥无味，觉得备受煎熬，但至少我重新找回了学习的感觉，这种感觉就像高考前的那段日子，辛苦但终生难忘。这也让我明白了，既然选择了就要义无反顾。

正因为不同的选择才有了不同的结果。如果你是一名大学毕业生，那么，你很可能将面临以下选择：

选择① 就业

这是大多数大学毕业生的选择，他们需要尽快参加工作，一是解决自己的经济来源，二是有可能家里还需要他们提供经济支持（例如还有弟弟或妹妹在上学，需要寄钱回去）。

学校和职场是两个完全不同的环境，理论只是基础，关键还是在入职后的实践。学校学习的理论需要结合实践才容易转化为价值。在实践中遇到不懂得得我们可以边做边学或请教他人，这样更容易成长。

所以，一般情况下，大学毕业生都应该尽早走入社会、参加实践，这对一个人的心智、能力等各方面都是一个很好的锻炼，要结合自身条件尽早就业。

选择② 创业

在李克强总理提倡“大众创业，万众创新”的今天，政府不断支持大学生创业并提供一些优惠政策鼓励和刺激大学生创业。但是，大学生社会实践太少，能力和经验有限，创业需要具备一定的基础和资源。

我的建议是，大学生不要盲目去创业。

每个人都想成为比尔·盖茨式的人物，但是每个人都不是比尔·盖茨，因为比尔·盖茨在上学期间就具备了创业的条件。如果你也觉得自己具备了创业条件，那么你可以勇敢地去尝试，否则最好先就业积累经验、能力和资源，再找机会创业。

选择③ 考研

随着毕业就业压力增大，很多大学毕业生都想通过考研增加就业筹码，另外还有很多毕业生觉得大学的专业没学好（也许是因为不喜欢或专业被调剂等）想通过考研转专业，这样既可以提高学历又可以专业对口。

如果仅仅为了就业去考研是不太明智的。

考研虽然可以提升学历、增加理论知识，但是实践经验和专业技能并没有多少提升，另外读研需要推迟 2 ～ 3 年入职，自己的年龄会增大 2 ～ 3 岁。当然这样笼统地说考研没必要是比较片面的。我们应结合自身情况谨慎选择。

选择④ 考公务员

很多人都想过稳定、体面的生活，但不是每个人都适合做公务员，还需要根据结合自己的实际情况选择具体考哪类公务员。有一个咨询者考上了公务员，但是做了不到 1 年后，觉得不适合，又回到了他之前工作的单位，回去的时候还费了好多周折。这样不仅浪费了时间、精力、金钱，还弱化了之前工作的积累。

选择⑤ 出国留学

有这样想法的毕业生，大多数家里有一定的经济实力。具体是否选择出国，还需要根据自己的实际情况而定。不过，你首先要明确为什么要出国留学，出国留学对你的职业长期发展是否有帮助。

不管你做出什么选择，选择的原则都是你的选择是否更有利于你的职业发展，你的选择是否在为你的志向做铺垫。

没有人会故意做出一个不利于自己的决定。他们之所以选错，往往是由于不懂得如何选择。

很多人无法了解自己到底适合做什么工作，只好换来换去，希望能在就业过程中找到自己的兴趣所在。但现实往往是许多年过去了，仍然很迷惑。所以我们要认真选择，否则你根本不知道今后的职业生涯里，哪片土地适合你生长，什么样的环境适合你发展。

7．痛苦，是世界让你变得更坚强的方式

由于“敌意假象”，我们经常可能认为：痛苦是从别人那里来的（例如，在职业生涯中遇见的上司、同事）。如果对方予以改变，我们就不会痛苦了。

但实际上，职业生涯中那些所谓的敌意和痛苦，还是来自于我们自身。

当然，同周围人、事、物的关系之所以会陷入僵局，也可能在于你面对他们时进行改善步骤的迟缓。我所接触过的很多咨询者，明明知道自己同他人的关系出现问题，但他们始终没有意识到需要加快对这种关系的改善，即

使做出了某些如整理内心压力、善意阅读他人或者正确思考等的举措，其进行速度也过于缓慢，而是常常以“利益重要”“时间不够”等方式忽略了。最终，他们无法解决根本问题，从而无奈地将世界看作自己的敌人，痛苦地面对职业生涯中可能出现的人、事、物。

其实，世界不是你的敌人，没有人是你的敌人，即使有所谓的敌人，也是你自己造成的。

★ 在职场上，让自己变得更强大，是你远离痛苦、征战世界的最好的方式

在我看来，对咨询者的指导，不应只是知识、技能方面的，身心都调整到最佳状态，才能游刃有余地面对即将向自己敞开的职业大门。

（1）每个人都给予并承受痛苦（施力同受原理）

五行山压着孙悟空，孙悟空的痛苦之大。在心理层面，对于这样一个江湖角色，习惯了呼朋唤友的闲散生活，终于要开始面对真实的世界，承认自我的无力，更可以可看成一种以折磨形式而开始的持续痛苦。因此，不少人都曾经相当同情五行山下的孙悟空。

不过，孙悟空值得同情，五行山也一样承受着孙悟空不断挣脱时的痛苦。

从另一个角度看，山和孙悟空的痛苦谁更大，还真是个说不清道不明的问题。

孙悟空被压在五行山下，他的感受是自身失去了自由，还必须面临痛苦的内心纠结，但他起码还有铁丸子吃和铜汁喝，能够维持基本的生命和功夫；但五行山就并非如此了，它必须每天面对自己暂时压住的这个狠角色，时时刻刻保持警惕，注意孙悟空的每一次呼吸和每一个异常行动。同时，五行山

自己也并不轻松，它一样是被压制的，压制它的正是如来佛的那个六字真言。对于五行山来说，一旦出现问题，自己遭到的可能就是毁灭性的打击。

因此，从这个角度来看，五行山同样也感受着来自孙悟空和如来佛的痛苦，当然，如来佛作为最高领导人，也面临着孙悟空跑出来搅得天地不安的痛苦——起码在心理上。

这就证明了心理学中一个重要的命题——“施受同力原理”，即社会生活中的每一个角色，实际上都同时扮演着痛苦给出者和接受者的角色。

作为承载方，在衡量和评估自身感受到痛苦的同时，不妨应该秉承这个故事所体现出的上述原理，既要看到自己作为承担者的一面，同时也要看到自己也在给着他人以痛苦。

（2）远离痛苦的冥想放松训练

由于职业原因，我几乎经常能接触到沉浸在痛苦中的咨询者们，他们在咨询过程中表现出的压力，常常让我感到，光阴似箭的人生中，人们只能活一次，却为什么不能积极调整自我，获得释放？但从另一方面来看，或者这也能更让我感受到职业的神圣使命感。

对于不少人来说，走出痛苦的阴霾需要一个漫长的过程，尤其是由于认知习惯所导致的心灵困境，尤其需要他们能够及早进入自我调整的模式中。

因此，我常常会给他们在咨询之后，提出一些额外的建议。例如，健康的文体运动，或者美妙的古典音乐等。当然，更不应该错过的则是在日常生活中做冥想放松训练。

冥想放松训练本身是心理学应用中最容易操作的一种自我调整方法，而随着瑜伽运动在城市中的兴起，会有更多的训练机会同我们接触（见表 1-5）。

表 1-5　冥想放松训练的要领

冥想放松训练的要领	
步骤	方法
姿势矫正	冥想放松训练中，你需要端坐或平躺在瑜伽垫上，注意一定要全身心地放松，保持呼吸的和缓安宁，让自己沉浸在专业的放松曲目中，并让意念游走关注与身体的各个部位。最重要的是，让脑海里完全空旷，一切原先对世界的认知全部被暂时清空，关于世界的种种不快或者欢喜也要全部丢弃
冥想训练	这样的训练，是让我们的认知力获得休息，并焕发新生的宝贵途径。同外表看到的不一样，所谓“冥想”其实只是为了便于表达，其真正的内涵在于“什么也不想”而保持的空灵状态。但这种“不想”又并非真正完全陷入无意识地睡眠中，否则，人们大可以用睡眠来取代心理调试了。“冥想”的真正含义在于让你的思维、心态和认知感受回到当年在母体内的感觉，即使没有睡眠、充满活力，但也依然保持着对世界“空白”的认知感
放松之后	当这样完全放松之后，有时，你还可以借助放松后的舒适感小睡一下，当你醒来后，会发现身心都如同在温泉中浸泡过一样

有许多人曾经问我：“你们专业咨询师，自己遇到心理问题的时候，会怎么解决？”冥想放松训练是其中的一种方法，当然每个人甚至某个时间段的选择不一样；比如我本人，有时候我会选择冥想放松训练；有时候我会选择阅读、听音乐；周末我一般会让自己去打篮球。

你也可以试一试“自我冥想放松训练”，这样的快乐体验也无须一个人独自占有，你还可以同自己的好友、同事共同完成放松。

这种共同约定，往往既能够让你发现更好的放松效果，同时也能便于在训练结束之后，相互之间进行讨论和感悟——在这样的讨论和感悟中，你很有可能重新认识身边这些重要的人，并伴随这样的认识，让自己变得越来越强大。

迷途职返

职业生涯伴随人的大半生，没有人能保证一路顺风顺水。我们要有一路逆风的勇气迎接每一次挑战，用科学的认知方式化解每一种痛苦，变得坚强，战无不胜！

Chapter 1

Chapter 2

制定征战地图、描绘征战路线

——你若不尝试走出阴影，没人能赐你那一米阳光

Chapter 3

Chapter 5

Chapter 4

人生行走的过程，
就是用“你拥有的”去追求“你想要的”，
然后在这个过程中去体验追求的快乐、幸福，
顺便去获得你想要的结果。
成功是正确选择行业后，
专注行业成长付出并积累而成的。

实践是最好的老师。通过多年的咨询工作及分析总结，我发现职业生涯规划有 6 个关键，其中有 3 个是宏观的，3 个是微观的。为了更好地应用和传承，我将这 6 个关键形成了一个体系——3+3 职业生涯规划体系。运用这套体系，你可以完成自己的职业生涯规划、明确你的职业目标、清晰你的职业方向。

有些人之所以走不出阴影，并不是因为他的前方没有光，而是不肯挪动慵懒的脚步，向前一步。

美国科学家富兰克林说过："既然实现你的理想和目标关键在于采取行动，那么就没有寻找理由的余地。"

我曾经遇到过这样一个咨询者，他只想住一楼（暂时住不起电梯房）。原因是他不愿意爬楼梯，不愿多走路。

另外，有一些咨询者，咨询后觉得信心满满，但是要按规划去行动就寸步难行。比如有一位深圳的朋友，做完咨询后，我还协助他完成了简历，可是他就是不愿意去找工作。

再好的规划如果没有行动去支持，那规划就如同一张废纸。与其整天感叹就业难，陷在阴影里，不如行动起来，尝试走出阴影，才能面对阳光。

1．志不立，征战就没有方向

立定志向是征战战略的第一步，有了志向就有征战的方向。3+3 职业生涯规划体系（见表 2-1）助你开启人生新的篇章

表 2–1　助你赢在路上的 3+3 职业生涯规划体系

3+3 职业生涯规划体系		
职业规划的 6 个关键点		作用
宏观的关键点	立定你的志向	让人生追求有方向
	选定好的行业	让职业发展有轨迹
	选定你的城市	让职场有战略据点
微观的关键点	选择你的岗位	让你可以愉悦工作
	选择好的公司	让职业有个好平台
	设定职业路标	让你清楚下一步该向哪里去征战

志向、行业和工作所在的城市（下面简称“工作城市”）这三个关键点是宏观的属于职业规划的战略层面，所以要尽早定（也许，在职业初期，需要一段时间去探索，但是对于同一个人来说，战略层面定得越早并不断专注，那么职业成功的概率越大），而且一旦定了就不要轻易去更换。战略定了，做决策就简单了，你只需要围绕你的战略去做选择即可。所以宁可多花点时间去了解后再决定，也不要轻易去决定然后再改变。因为不管是改变志向、行业还是工作地点，成本都非常高、对职业的负面影响会很大。也许，短期时间内看不出来有多大影响，但是时间越长越容易看出影响到底有多大。例如毕业的几年内，同学们差距都很小，但是 10 年，20 年后，差距就很大。导致差距的原因不是能力的问题而是专注积累的结果（成功者专注积累就会厚积薄发，而失败者因为经常换职业导致自己不断归零、不断重新再来。就如挖井的故事，不断换地方挖井挖到水的概率自然会小）。

在三个宏观的基础上，岗位、公司和职业路标这三个关键点是微观的、阶段性的，岗位可以升迁，公司可以更换、职业路标也是在不断变化的。但重点是把控三个宏观，在宏观的基础上去做选择。很多人跳槽都是乱跳，因为他没弄清楚三个宏观，所以他们不断地在换行业、换工作地点，而且大多数人都没有清晰的志向，所以越跳越迷茫。

另外，三个宏观是相对静态的，而三个微观是相对动态的，所以职业生涯规划不是静态的而是静态与动态的结合体。而且职业生涯规划不是一个点、一条线，而是一个体系——是由三个宏观关键点和三个微观关键点融合的一个体系。

接下来，我将会把这套体系的完整内容倾囊而出，愿你有一天可以如鱼得水地运用这套体系，从而完成自己的职业生涯规划、明确你的职业目标、清晰你的职业方向。

根据上面介绍的3+3职业生涯规划体系，你要做的第一步是立定志向，让你的人生追求有方向，从而逐渐走出迷茫。

根据我多年咨询的经验以及我自己立定志向的经验——立定志向需要结合你自己的性格优势、意愿（你的想法、兴趣爱好、价值取向等）和你的现状来综合考虑。

你可以跟从这个思路去立定志向：

（1）发现你性格的优势

有以下5个途径：

① 通过性格测试、性格确认和性格分析明确自己的性格优势，确认自己适合做什么。

② 通过图书、网络或思维导图工具来实现。

③ 通过回答问题明确优势，例如（见表2-2）：

表 2–2　帮助你发现性格优势的几个问题

帮助你发现性格优势的几个问题	
问题	内容
问题 1	什么事情，你做起来比较容易而其他大多数人做起来会比较难
问题 2	你觉得自己有什么特别的天赋和优势
问题 3	做什么工作，你会感觉时间过得很快并且很开心
问题 4	在你的成长过程中，有哪些值得你骄傲的事情
问题 5	有哪些事情，你做起来特别投入而且乐在其中

④ 做选择题发现优势。你觉得哪种类型的描述与你最相符（见表 2-3）：

表 2–3　帮助你发现性格优势的几个选择题

帮助你发现性格优势的选择题	
选择题	内容
选择 1	喜欢被动与人交流，做抽象、复杂、有创造性的事情；例如咨询师
选择 2	喜欢被动与人交流，做具体、简单、实际的事情；例如客服人员、采购员
选择 3	喜欢主动和人打交道、喜好做抽象的、有感染力的事情；例如培训师、舞者、歌者
选择 4	喜欢主动和人打交道、喜欢做具体的事情；例如业务员
选择 5	不需要经常与人打交道，喜欢与实物打交道的事情；例如设备工程师、库管、出纳（钱是一种很特殊的实物）
选择 6	不需要经常与人打交道，喜欢与信息打交道，即数据、图形（静态的和动态的）、文字（汉字和外文，还有一种特殊的文字叫软件）等打交道，例如会计师、数据分析师、平面设计师、漫画家、编辑、作家、软件工程师等

需要注意的是：喜欢与人打交道的工作分为主动与人打交道和被动与人打交道；而且与人打交道的事情可以为具体简单实际的事情和抽象复杂有创造性的事情；不喜欢与人打交道的事情分为喜欢与具体的实物打交道、喜欢

与信息打交道，信息包括数据、图形、文字。通过这个测试可以了解到你的性格倾向。

⑤ 通过你身边的人去了解你的优势，例如问你的父母、老师、朋友、同事以及其他对你比较熟悉、比较了解你的人，让他们告诉你有哪些优势，然后自己再思考确认一下，自己是否有这方面的优势。

（2）找到你的兴趣点

请你回答下面的问题（见表 2-4）。

表 2–4　帮助你找到兴趣点的几个问题

帮助你找到兴趣点的几个问题	
问题	内容
问题 1	如果上天赐给你魔法棒可以实现你的一个愿望，你愿意去做什么样工作
问题 2	你有哪些兴趣爱好？你最喜欢什么？——你觉得那些兴趣爱好可以转化为职业
问题 3	你曾经和现在有什么样的理想？（可能有多个）这些理想，你觉得哪一个理想更具可行性，为什么
问题 4	如果你现在开始立志，5 年后你希望从事什么职业？为什么做出这样的选择
问题 5	如果你只剩下 1 年的时间，你会因为过去没有尝试什么职业而后悔
问题 6	工作之余，你经常会做哪些与职业相关的事情
问题 7	假如你有一千万意外之财，你会选择什么职业
问题 8	你愿意为什么样的职业而付出或你最向往什么样的职业

关于兴趣与职业：当我们对某些事情感兴趣时，我们就会花时间和精力去琢磨这些事情，通过不断地琢磨和探索，我们就会对做这些事情具备一些能力，当我们通过这个能力可以为自己创造价值甚至可以养活自己，我们就可以把兴趣转化为我们的职业。然而很多人只是出于对某些事情感兴趣，他们并没有花很多时间和精力去琢磨和探索，所以就没办法形成做事的能力，

所以他们的这些兴趣仅仅是兴趣而已——没办法转化为职业。通常你真正感兴趣的事情都适合你。

（3）了解你的现状

请回答以下问题（见表 2-5）：

表 2–5　帮助你了解现状的几个问题

帮助你了解现状的几个问题	
问题	内容
问题 1	你目前具备什么样的专业知识
问题 2	你目前具备什么样的职业能力
问题 3	在你熟悉的领域，存在什么样的外部机遇
问题 4	你有哪些人脉关系可以带你进入某个领域
问题 5	你目前自己有多少金钱去支撑你的职业发展

（4）立定你的志向

最后，综合你的性格优势与你的兴趣点找到两者的交集，然后结合你的现状抓住外部机遇，确定可行的切入点。

除此之外，或许你还有一些关于立志方面的疑问。下面我将以问（Q）答（A）的形式总结如下。

Q：我现在很迷茫，不知道如何去立志？

A：不要因为迷茫给自己找不立志的借口。首先要有去立定志向的意愿和决心。但立志也不是一件容易的事情。包括我自己，直到 35 岁才开始立志做人生规划师。

我立志是从两个方向去思考。

一是从自身去考虑。即上面提到的我有什么样的天赋、优点、优势，即你过去的生活、工作经历中，有哪些方面是自我觉得很不错，有哪些方面是他人觉得你很不错的，这些事情可以体现你什么样的优势和天赋，还需要了解自己的性格特点适合做什么；

二是从外界去分析。利用我的这些优势我可以抓住什么样的机会、服务什么样的人群或者说外界有什么样的问题——机会存于问题中。当内外结合就可以立定志向——用自己的优势去匹配外界的机遇。

Q：我过去立错了志向怎么办？

A：如果你的志向是合法的，就不存在对错，只有合适不合适。例如，我在 2009 年立志成为人生规划师。这个志向并不合适（因为很多人连职业生涯规划都没有，何谈人生规划）。所以 2012 年调整为职业生涯规划师。

人生行走的过程就是用“你拥有的”去追求“你想要的”，然后在这个过程中去体验追求的快乐、幸福，顺便去获得你想要的结果。

如果最终获得了你想要的结果，那么恭喜你，努力没有白费。如果没有，只要你努力了、付出了、感恩了，你亦会获得内心的宁静。

人最恐惧的是没有征战的方向，立定志向就是给自己下定一个决心——给自己承诺一个征战的方向，也是许自己一个了不起的未来的开始！

2．行业不分贵贱，但它能帮你瞄准征战的方向

如果志向是人生的方向，那么行业就是职业的方向。为什么这么说呢？因为隔行如隔山，行业与行业之间存在行业壁垒，当然不同的职业的行业壁

垒会不一样，例如那些通用性的职业，例如会计、库管、出纳等，每个公司、每个行业都需要，行业的壁垒就会低一些；而那些涉及专业技术、技能的职业，门槛会比较高，换行业会比较困难。

我从数百个咨询案例中总结了一个规律：在职业初期，一个人涉足的行业越多，那他所获得的职业高度越低。

★ 行业不分贵贱，客观看待行业好与坏

很多人在选择职业的时候，都想寻找捷径，入个好行业，这样就容易快速成功致富。殊不知，行业不分贵贱，没有绝对的好行业和坏行业（好的行业也会逐渐成熟、衰退，坏的行业会引起相应行业的崛起——你可以顺势而为进入相应的行业）。可以进入好的行业是你的福气。不过，大多数行业既不是兴起的行业也不是衰退行业，所以做好本职工作并不断提升自己在本行业的竞争力才是根本，即关键是我们要成为行业的内行人——任何行业都是内行人影响外行人，内行人赚外行人的钱。行行出状元，无论哪一行业，只要你做到足够好，都有成功的机会。

如何正确选择行业？

选择行业不能仅仅看外部的环境，还要结合 SWOT 行业分析法（见图 2-1），根据自身优势综合考虑。

匹 S 内部的优势 ←	配 → 外部的机遇 O
W 内部的劣势	外部的威胁 T

图 2-1 SWOT 行业分析法

如图 2-1 所示，内部指的是自身或组织，外部指社会或外部环境。

- 如果用内部的优势去匹配外部的威胁——不成功是必然的，因为一个人的力量相对外部的趋势，力量是微弱的。
- 如果我们用内部的劣势去匹配外部的机遇——可以获得一些成长，但是很难获得成就。所以热门行业不一定需要你。
- 如果用我们的劣势去匹配外部的威胁——寸步难行。
- 我们只有利用自己的优势去匹配外部的机遇即准确定位。我们才可以最大化地发挥自己的优势、才可以获得巨大的成就。

那么具体到个人，该如何正确选择行业呢？

我将就业人群主要分为三大类，一是刚刚毕业的大学生；二是有工作经验的大学生；三是没有上过大学的人群。

（1）刚刚毕业的大学生

这类人群只有专业理论而没有实际的工作经验，所以专业是选择行业的切入点。

如果你的专业对应的行业处于成熟或衰退期，你可以放弃你的专业为切入点，选择一个前景行业——不管做什么先进入这个行业，然后在这个行业内让自己成长。

（2）有工作经验的大学生

这类人群不仅有专业基础而且还具有行业经验。如果你学的专业和你工作的行业相匹配而且只有一个行业经验，那么你可以继续在这个行业去发展。如果你的专业和行业不对应，建议继续选择现有的行业；如果你的工作涉及多个行业，那么这个需要具体问题具体分析。一般来说选择经验比较丰富、行业前景比较好的行业。

（3）没有上过大学的人

这类人群没有专业基础。

你可以根据你的工作经验——在哪个行业的工作经验丰富就去选择哪个行业。

最好是边工作边自学——利用业余时间去考一门专业。

不管你是属于哪类人群，都应该去做行业分析。

圈定几个你可以选择的行业，然后针对以下几个方面进行逐一分析（见表 2-6）：

表 2-6　行业分析的重点问题

行业分析的重点问题	
问题	内容
问题 1	这个行业的存在是因为它提供了什么价值，这个行业的核心需求是什么
问题 2	这个行业处于什么发展阶段（萌芽期、成长期、成熟期和衰退期，如果处于成熟期和衰退期最好不要进入，如果已经进入了，需要关注替代的行业——一个行业的衰退，必然会有一个相应的新兴行业兴起）
问题 3	该行业有哪些相关行业（有哪些上游行业、下游行业以及相邻行业）
问题 4	该行业的“产品形成和流通”是怎样的？每个环节的关键因素是什么、创造了什么价值获得了相应的利益？谁掌握了这个行业的定价权？
问题 5	这个行业是否有某些特殊的要求（例如直销业的关键是看你的销售、营销和管理能力）
问题 6	该行业前三名的企业和当地前三名的企业是那些公司（并了解说这些企业排名的标准是什么）——这些公司的优势是什么
问题 7	如果你要进入这个行业，存在什么样障碍

通过对以上问题的思考分析，最后决定你要选择的行业。

无论进入哪一行，都不能决定你职业生涯的成败。

再好的行业，成功的人只有少数，因为你即便进入了一个所谓“好”的行业，你想成为这个行业中少数的成功者，你需要做正确的职业定位和定向，然后你需要脚踏实地去努力学习、实践和领悟。再通过时间的累积，才可以慢慢走向成功。

★ 转行有风险，决定需谨慎

由于社会变化发展太快，有时候我们在刚入行没多久就必须面临转行。

不过，不要轻易去转行——尤其是在职业初期，你换行业的次数越多，那么你在行业内的积累就会少。一个人的精力和时间是有限的，我们只有尽可能专注一个行业持续积累，才容易获得职业成功。相反，换行业的成本却很高、风险很大。

还有一些咨询者，对换行业存在一个误区，那就是已经换行了，自己还没有有意识到。这主要源于他们对行业的认识不清楚。

例如，曾经有一位浙江的咨询者，她在工作的 8 年期间换了四五份工作，每份工作都是做外贸业务，但是每换一次就换了一个行业（因为，这些外贸公司所涉及的产品都不一样，有的卖鞋、有的卖灯、还有的是卖五金等）。而她自己根本没有意识到自己换了行业，她认为外贸就是一个行业。而实际上外贸只是一个企业类型——说明这些公司都是以做对外业务为主的贸易公司。对外和对内是相对的，外贸公司的客户都是国外的。所以她每换一次需要重新去了解产品、了解市场，所以她的外贸业务一直做得不太好。因为换来换去没有多大积累，这也意味着职业没有得到好的发展。

虽然不要轻易换行业。但在现实中，你可能会面临不得不换行业的局面。

如何换行业：你需要做三个确定和一个准备。

（1）确定你现有的行业所处的时期

例如，正处于成熟期或衰退期，及行业没发展性。

通常一个细分行业的衰退通常会导致另一个相关行业的兴起——例如BP机被普通手机替代，普通手机又被智能手机替代；胶卷相机慢慢被数码相机替代等。所以如果你所在的行业面临衰退或灭亡，那么你可以选择这个行业的替代行业或相关行业去发展。这就是我要说的第二个确定。

（2）确定你要换到哪个行业去

当我们要去换行业时，我们首先要明确我们的方向，即要换到哪里去。当然目标行业需要有潜力，不然以后还得面临换行业。

（3）确定换行思路

换行业通常有两个思路。

例如，你现在在A行业做财务，想到B行业去做人力资源，那么你有两种途径：

一是先在A行业内换岗——从做财务转向做人力资源，然后再从A行业转向B行业做人力资源，即先换岗再换行；

二是先从A行业换到B行业做财务，然后在B行业内进行换岗——从财务换到做人力资源，即先换行再换岗。

总之，从 A 行业换到 B 行业，你需要在两个行业之间找到一个切入点。这样就容易转换成功，而且会降低转行的风险。

（4）做好转行准备

不管是怎么换，我们从 A 行业换到 B 行业，都需要做某一项具体的工作，这个工作对应着某一个工作岗位。要胜任这个工作岗位，你就需要具备一定基本技能、专业知识、专业技能和一定经验。

注意，千万不要还没准备好就裸辞去换行业。这样通常都会很难换行成功。另外，有些朋友想当然地认为自己不适合目前的行业，所以要转行，这种观念是错误的！

行业是由很多企业组成的，而每个企业都包含了多个岗位，你需要去适应行业——在行业内找到适合自己的岗位、在行业内找到好的企业。

转行有风险，不转行也会有风险。最重要的是你是否有强烈的意愿要去转行，即转行的决心决定转行的成败。如果你下定了决心要转行，就要不断用行动去支撑转行，如此一来，转行成功只是时间问题。

成功不是偶然的，成功是正确选择行业后，专注行业成长付出并积累而成的。

3．选定了一座城，就有可能是你一辈子的战场

职场如战场，工作城市就是职场中的战略据点，接下来我们需要先选定好工作城市，然后在这个城市去找工作。毕竟，一座城市往往要伴随我们很

久，甚至一旦选定就有可能是一辈子。

然而，很多朋友在选择城市时往往都会陷入以下误区（见表 2-7）：

表 2-7　选择城市时的误区

选择城市时的误区	
误区	内容
没有选择工作城市的意识	很多人压根儿没有意识到工作地点需要选择。都是先找工作，然后工作把他们带到什么地方就在什么地方生活，如果下一次换工作，他们又重复着同样的错误
总想成为南下客	广州虽然是中国的大城市，但不要觉得发展越久的城市就越好。例如，国家的战略重点是在搞中部崛起、西部大开发。所以要看清形势
拒绝去西部	中国“西部大开发”战略已经对很多人有很大的影响——就像 20 年前，大家都会南下打工一样。国家的策略也向西部倾斜，所以西部是可以去的
贪大，总想去北上广	你想去北上广，其他的人也想去。结果是北上广人满为患、竞争激烈。如果你有足够的竞争资本，当然可以去尝试
根据工资选择工作城市	不要仅仅因为收入去选择工作城市，高回报也意味着高投入，很多人不惜换城市、换工作只为高回报，结果却遇到重重阻碍，不尽如人意

那么如何去选择工作城市，选择工作城市的原则、标准是什么呢？

★ “谋而后动”——在入职前就要选定工作城市

选择工作城市不能仅仅考虑职业还需要考虑人生，例如婚姻、回家探亲等问题。基本原则是：在哪里发展对你的人生和职业最有利。每个人的成长环境和成长的经历不一样，所以选择工作城市没有统一的标准。

但是根据我的实践经验和分析总结，选择工作城市需要从如下几个的方面去考虑：

- 在哪里发展你拥有最多的资源——主要是人际关系资源；
- 你在这里是否有好的切入点并且该行业在该地区有发展潜力；
- 你准备长期发展的这个地区，它的发展潜力要大。

对于某一个人来说，需要具体问题具体分析。

通过以下几个实际案例的分析和总结，你或许可以获得一些启示。

案例①

海涛出生在长沙，从小学到大学都是在长沙，那么他毕业后工作城市的最佳选择是长沙（见表 2-8）。

表 2–8 长沙是海涛毕业后工作城市的最佳选择（原因分析）

长沙是海涛毕业后工作城市的最佳选择（原因分析）	
原因	内容
外部资源都在长沙	外部资源主要是自己的人际关系、能够给自己提供帮助的外部资源
有好的切入点	通过我的了解——他适合做业务。他毕业于湖南大学国际专业，在长沙找一个外企或者销售国外产品的公司做业务，肯定是可以的——他可以有一个好的切入点，至于该行业的发展前景，这需要看他具体选择什么行业
自身主观意愿	他自己说——等赚够了钱就回去发展，这说明他想在长沙长期发展
长沙的战略意义	长沙属于中部重要城市，在中部崛起的战略部署中有着重要的战略意义，长沙的未来发展一定会很不错。所以他选择长沙是正确之举

我的建议是：如果你是出生在省会城市，并且在省会城市上大学，通常情况下，你工作城市的选择应该就是你所在的城市。如果你在本省上学，工作城市最好的选择是本省的重点城市（一般来说，有大学的城市都是省重点城市）。

案例②

这是我个人的真实经历。我来自湖南农村，在武汉上学，基本都是在武汉工作，期间曾经有几次短期的南下经历。现在在武汉成家，生儿育女。但是每年回家都不太方便，如果重新选择的话，我更希望在长沙去上学、发展。

如果你来自农村，在外省城市上学。

你有 3 个选择——

- 留在上学的城市；
- 回你所在省城的城市；
- 去外地城市发展。

我的建议是：因为来自农村的朋友基本上没什么外部资源。所以最重要的选择依据是有个好的切入点，至于准备在哪里长期发展，一般来说在哪里工作久了就会在哪里定下来。

案例③

有个辽宁的咨询者，她老公是山东的，她在山东的A地点，老公在B地点，不过相距不是很远（2 小时的车程）。她现在想回辽宁发展。

问题是，如果要维持婚姻，两个人最好在一个城市工作。如果长期分居，恐怕婚姻迟早会出问题。如果她一定要回辽宁，她首先需要她老公的支持并且老公也愿意去辽宁发展。因为她回辽宁，如果老公不和她一起去，说明她老公会在山东长期发展，他们将长期分居，而且辽宁到山东的距离不是几个小时的问题。如果要探亲，周末来回都难。这样的婚姻很难维持下去。

我的建议是：对于已婚的朋友，关于工作城市的选择需要夫妻双方达成一致，最好是在同一个工作城市。否则相距也不要太远——至少周末可以在一起。

案例④

十年前，小王、小李在武汉是同班同学，他们毕业后都进入了计算机行业，小王在武汉，小李去了广州。他们都是来自农村、比较勤奋，业务都做得不错。但是十年后，小李已经是广州一个大型计算机公司华中区的区域总监，而小王只是一个部门经理。这当然跟他们选择的公司有一定的关系，但是起决定性作用的是他们当初选择的工作城市。

十年前，广州是一个计算机行业高速发展而且是南部的核心城市，不仅市场容量大而且发展迅速，所以小李、小王同学的起点和基础都相差不多、工作的努力程度也相当，但是行业区域的发展速度决定了两个人十年后的差距。

我的建议是：对于立志从事销售的朋友来说（当然需要考虑自己是否适合做销售），你所选择的行业在该地区的发展决定了你未来职业的发展高度。这就是我们为什么要去选择发展快或者发展潜力大的工作区域（当然这只是选择的参考点之一，不要把它作为唯一的选择标准）。

至于究竟应该选择哪座城市，不妨遵循“鱼”原理：

小鱼选小溪、池塘；中鱼选河流、湖泊，大鱼选大河、大江、大海。

问题是怎么去判断自己是什么“鱼”（见表 2-9）。

表 2-9　判断自己是什么“鱼”的方法

判断自己是什么“鱼”的方法	
条件	选择
如果你没什么追求、安于现状	选择小城市
如果你有一定的进取心	选择中型城市
如果你有强烈的进取心、有远大的志向	选择大城市

当然小鱼也可以通过小溪游入河流湖泊甚至大海，如果小鱼自己不长大，就很容易被大鱼吃掉。所以一个人的成长速度和成长潜力会影响到城市的选择。

尽管工作城市的选择很重要，但这只是一个个性化的选择，没有固定的选择方案，只有通过对个案进行具体分析后，才能做出最合理的选择。

★ 该不该说走就走，换一座城市

换城市不是最终目的。说到底，它牵涉到更换职业。

我经常碰到有的咨询者想要更换城市工作。

尤其在职业生涯初期，往往一个人没有什么负担和压力，很容易就来一场说走就走的旅行。咨询者鲁达工作不到4年换了5个城市、跨越了5个省。我问他为什么换了这么多地方，他说在哪里找到工作就去哪里（他和很多人一样都是通过在网络投简历找工作，不过他的口才还不错，可以通过远程面试被录用）。

我开玩笑对他说——像你这样，比尔·盖茨都难成功。

孙子曰："谋而后动"。

我的建议是：我们需要在入职前就要选定想要工作的城市，选定了就不要轻易去更换。因为换一个城市工作的成本很大。

我们从一个地方去另外一个地方，之前积累的东西都会归零。轻易不要去换城市，尤其是成家之后。除非把爱人和孩子一起带走，否则夫妻长期分居会导致婚姻矛盾激化，有可能导致婚姻破裂，这样就得不偿失。因为人的精力和时间都是有限的，我们需要选择在一个地点去长期发展。

另外，专注一个城市有利于积累工作社交关系，并且你之前积累的人际关系会得到巩固（如果你不断换城市，换一个城市人际关系基本都会归零）。

卡耐基说一个人的职业成功15%取决于自己的职业技能，85%取决于人际关系。所以专注一个城市去发展会更容易取得职业成功。

现在有很多刚入职的朋友常会换工作城市，主要有以下几个原因：

一是因为他没有意识到自己在换工作城市，即大家很容易根据自己找到的工作、自然而然地换工作城市。加上现在网络普及，很多工作都可以远程面试，很多朋友在外地找到了工作，于是就去了外地。

二是职业初期，一个人没有任何牵绊，想去哪里就去哪里。其实，最根本的原因还是他们没有意识到城市定位的重要性。他们从来没有考虑过——我准备长期在哪里发展的问题。

值得一提的是，尽管我强调尽量避免更换城市工作，但并非意味着不能更换。

有一些特殊的情况，我们可以选择换城市，例如，你之前在一个公司的办事处或者分公司工作，如今因为工作能力出色，总公司要调你去总部工作，这个时候你可以考虑去总部发展；你在职业生涯中后期，建立了个人品牌，需要重新进行战略定位，我们可以重新选择新的战略据点。这些情况下就可以考虑换城市工作。

所以当我们选定了工作城市之后，我们就需要定在这个城市去找工作并准备在这个城市长期去发展，而不要轻易去更换工作城市，这不仅仅是职业的发展还关系到你今后的人生！

迷途职返

随着企业国际化，国内有一些知名企业的市场不断向国外扩张，这样必然会导致越来越多的人必须要去国外工作，即会遇到城市定位的困惑。如果你刚毕业不久，你可以去国外历练几年然后再回到你长期发展的城市，当然你也可以放弃去名企到国外工作的机会；如果你已经成家——这就要看你看重什么。通常来说，如果你已经成家，又在一个知名企业应该做到了中高层，既然你已经在知名企业做得不错，那么你也就有更多选择的权利。例如你可以选择跳槽留在当地工作；当然如果家人支持，你也可以去国外工作一段时间。

4. 从岗位出发，干一行，爱一行

我们在前面探讨过的定志向、定行业和定工作城市都是属于生涯征战宏观层面的。而定岗位和我们每天具体做什么相对应，是属于生涯征战战术层面的、是微观的。

很多咨询者对我说："我不喜欢目前这个行业，我想转行。"

其实，他们想表达的意思是：我不喜欢目前所做的这个岗位，我想换个自己喜欢的工作岗位。一个行业内会有很多公司、每个公司都会有多个岗位，你具体喜欢的只是你所在的岗位而不是行业。

★ 选择适合自己的岗位，才能愉悦工作

选择适合的工作岗位需要结合三个方面：

（1）能力

能力，即你是否有能力胜任这个工作岗位，或者说你是否满足这个岗位的招聘条件，有做某事的能力。具体可以分为四大类（见表 2-10）：

表 2–10　能力的四种类型

能力的四种类型	
类型	内容
体力劳动	这是每个身体发育正常人都能够做的事情，例如做清洁、搬运、送货、收款、打电话等，只是这样的事情，我们大多数情况下都不愿意去做
基本技能	例如使用电脑处理基本的文档，这属于职业基本功
专业技能	例如维修电脑、维修汽车等，这不仅需要一定的专业知识做基础，更需要实践经验
做管理或领导人	这需要较强的综合能力，包括较强的一对一、一对多的沟通能力、较强的思考分析能力、较强的决策能力等

上述四种类型和我们职业生涯的不同阶段相对应。例如，你刚进入社会的时候，只能从事体力劳动或基本技能类的工作；渐渐地随着经验的丰富，你可以从事专业技能类的工作，如果能把专业技能做到极致，你就可以成为行业的专家和顶尖人士；有的人还具有管理和领导天赋，于是他们可以成为企业的高管并有可能成为行业的领军人。

（2）性格

性格，即这个岗位和你的性格是否匹配，岗位是否能够发挥你性格的优势。

性格是天生气质经过后天雕琢形成比较稳定的行为习惯，而气质是天生的，是给人的一种整体感觉和印象。

性格可以分为四大类型：完美型、活跃型、平和型和力量型。

以下是四种性格类型的特点（见表 2-11、表 2-12、表 2-13、表 2-14）。

表 2–11　完美型的性格特点

完美型的性格特点	
总体性格特点	内向、悲观、被动：追求完美、比较悲观、外表冷漠、喜欢孤独，爱思考、分析、总结、研究
面对赞美时	如果赞美恰到好处，内心会感觉很好，但不动声色；否则可能会想他为什么要赞美我
说服力和舞台魅力	非常理性、最不容易被别人说服，需要自己说服自己，思路清晰，不善于表达、口头表达能力差，书面表达能力强；在舞台上压力很大，舞台魅力差
自我要求和对他人的要求	严以律己、严以待人，善于控制自己的言行，对自己期望很高
做事情的状态	做事情的思路清晰、有条理，行动速度慢、喜欢计划行事。做事情有惰性，脑袋闲不住。行动力时条理清晰、强度不够、行动缓慢、有毅力，长期积累才显效果
思考特点	深思熟虑、三思而后行
说话特点	语速慢、话通常较少、善于分析问题的本质，表达准确、简练
所追求的	追求完美、条理、准确、细节，渴望被理解
人际关系	与人交流时循规蹈矩、动作很少、僵硬，眼睛不愿意直视对方、善于观察、明察秋毫，眼神给人冷静、睿智、理性感。说话很少但是很准确并能分析出事物的本质。不喜欢主动与人交往，喜欢独处，不容易信任他人。人际数量少，但是交往比较深、久
面部表情	面无表情、很少笑甚至不会笑
穿着特点	颜色单一、干净整洁、搭配得体，男士显得绅士，女性显得优雅
头发、发型	经常洗头、干净整齐
运动、活动偏好	喜欢安静独处、不爱动、不喜欢参加集会活动，但是也爱体育运动，例如打篮球
学习兴趣	最爱学习、喜欢阅读、持续学习、自学能力强
精神状态	追求完美、自我欣赏、喜欢给自己压力——因为对自己期望很高；消极悲观，总是容易看到事物不利的一面、容易忧郁

续表

完美型的性格特点	
危机意识	未雨绸缪、预防危机，危机意识强
自信心	对自己有信心，但是与人交往时容易自卑
理财能力	赚钱能力一般，精打细算、很少乱花钱，容易成守财奴
生气和情绪控制能力	易因他人而生闷气，但是容易控制自己的情绪、容易压抑自己
形象和色彩偏好	注重形象、细节，喜欢蓝色等冷艳的色彩
攻击与防守	最佳防守，你越攻击他越收缩，进攻能力弱，但是有持续攻击的毅力
爱情现象	不敢也不善于表达情感，容易单相思、晚恋、晚婚，被动恋爱型
小时候与父母的关系	父母管教的很严、经常会挨骂、挨批；和父母关系很淡，没什么交流、不爱说话
决断力和认错	犹豫不决、决而不断；做错了，死要面子，知错但不说出自己错了
典型人物	唐僧

表 2–12　活跃型的性格特点

活跃型的性格特点	
总体性格特点	外向、乐观、主动、活泼开朗，追求新鲜、刺激、变化，浮躁、静不下心，人前快乐，独处烦躁
面对赞美时	不管什么样的赞美，都乐于接受并喜形于色、快乐、开心
说服力和舞台魅力	感性、容易被“甜言蜜语”说服、容易头脑发热。情感丰富、善于表达、易感染人；舞台是为他们而生，具有很强的舞台魅力
自我要求和对他人的要求	行动时风风火火、很快就有结果，不过结果通常不太理想、缺乏持续力
做事情的状态	做事情的速度快，遇到挫折就逃——3 分钟热度。做不感兴趣的事情就不想做，遇到复杂问题脑袋爱偷懒
思考特点	跳跃思维、点子很多
说话特点	语速很快、声音大、有激情、有感染力

续表

活跃型的性格特点	
所追求的	喜欢新鲜、变化、追求感官刺激、享受当下、快乐，渴望被人认可
人际关系	与人交流动作幅度大，有时手舞足蹈、表情夸张，说的内容很容易夸大其词。眼睛经常东张西望、容易显得心不在焉，眼睛转的很快、放光；乐于交往、喜欢群居，朋友很多、知心者少，见到陌生人容易相识。眼睛经常东张西望、与人交流时易显得心不在焉，眼睛转的很快、易放光，眼神独处时易迷茫
面部表情	面若桃花、热情奔放，笑口常开、常大笑
穿着特点	追求时髦，色彩鲜艳、多种颜色、显得花枝招展、光彩照人
头发、发型	经常做头发——烫、染、拉直
运动、活动偏好	坐不住、好动、喜欢参加有趣味性、刺激性的活动——舞会、迪吧、KTV
学习兴趣	不喜欢书本，有压力的情况下会突击学习、喜欢通过沟通、做事情去实践学习
精神状态	热情奔放、活泼开朗、心浮气躁、追求虚荣，容易缺乏内涵。积极乐观、喜欢新鲜、变化、刺激的事物
危机意识	享受当下、危机意识不强
自信心	和人在一起时天不怕地不怕，但是独处时易烦躁
理财能力	感性消费、总是买一堆没什么用的东西，花钱比赚钱快
生气和情绪控制能力	在人前很少生气、但是情绪起伏大，容易因后悔生自己的气
形象和色彩偏好	喜欢色彩鲜艳、重视他人的感觉，喜欢红色等色彩鲜艳的颜色
攻击与防守	短暂的爆发力很强，善于短暂攻击，防守能力差
爱情现象	热情洋溢、总是喜欢异性注目，敢于表白、追求，易受挫，容易早恋、早婚
小时候与父母的关系	家教比较宽松和父母的关系不错，喜欢一起玩乐
决断力和认错	轻易决断、容易后悔，善变；做错了，敢于认错，但容易重错
典型人物	猪八戒

表 2-13　力量型的性格特点

力量型的性格特点	
总体性格特点	偏外向、较乐观、较主动。自信武断、喜欢决策、立场坚定、总是很权威、强势，以自我为中心、喜欢挑战和冒险，非常独立、综合能力强。善于带动和领导。威严、有激情、有干劲，天生的领导者，追求功名利禄，目标明确
面对赞美时	如果被比自己优秀的人赞美，感觉好；如果被比自己弱的人赞美，不在乎、无所谓
说服力和舞台魅力	不会轻易被说服，容易被比自己优秀的人说服；想去控制和说服他人、希望他人服从自己、说服力强；有舞台魅力
自我要求和对他人的要求	追求权力、名望、追求实际，对他人要求严格、喜欢控制他人、希望别人服从
做事情的状态	做事情行动力强、注重结果、越挫越勇、不达目的不罢休，天生的行动家。工作以结果为导向，喜欢开拓性、独立性、挑战性的工作
思考特点	想到就实施，不会想得太远
说话特点	语速较快、常带有命令的口吻，善于抓住关键点并提出解决方案、直指目标
所追求的	追求名利权、渴望成就、渴望被尊敬
人际关系	与人交流时肢体动作有力度、幅度较大，说话直指目标、任务，眼神喜欢直视对方、给人压迫感，眼神给人信心和坚定不移之感。善于掌控人际、交往目的性强，性格刚烈、脾气大、容易得罪人。善于掌控人际关系，有一些铁哥们儿
面部表情	总是显得很威严、很酷，笑得豪情万丈
穿着特点	喜欢职业装、正装，显得精明能干
头发、发型	喜欢短头发、显得精干
运动、活动偏好	喜欢竞争性的运动和活动，如竞技运动、比赛。但是工作后忙于工作，很少去参与运动
学习兴趣	学习目的明确、为了实现目标会主动学习，也喜欢边学习边实践
精神状态	积极主动、乐于挑战、过于势利，为人正直、易发脾气
危机意识	有较强的危机意识并且善于化危机为转机
自信心	自信果断并给人信心
理财能力	善于赚钱也会花钱，缺乏长期规划
生气和情绪控制能力	脾气较大、有气就发，轻则骂人、重则打架，不过，往往对事不对人
形象和色彩偏好	追求成功人士形象，喜欢黄色的帝王相称的颜色

续表

力量型的性格特点	
攻击与防守	攻击欲望强、持续攻击能力强，防守能力也不错
爱情现象	男性爱情高手，喜欢穷追猛打——让女性常常招架不住；女性太强势不太受青睐——男生都会敬而远之，容易成为剩女
小时候与父母的关系	和父母的关系不太好，叛逆，喜欢自己主张不喜欢受父母管制
决断力和认错	行事果断、即使断错了也不后悔，而是马上修正；做错了，死不认错
典型人物	孙悟空 其实，孙悟空的性格是力量型为主、活跃型为辅的组合性格——也是西游记中唯一一个组合型性格的人物。其实大多数人的性格都是组合型的

表 2–14　平和型的性格特点

平和型的性格特点	
总体性格特点	偏内向、较悲观、旁观者；温暖、平和，追求舒适安逸，喜欢顺其自然、讨厌压力，善于处理人际。善于配合、喜欢跟随，自主性不强、立场不够坚定、容易受他人影响和被人说服，表现反复
面对赞美时	会开心，但是感觉不强烈
说服力和舞台魅力	自己没什么主见、容易被人说服；不愿意要求别人，也不想去说服他人；在舞台上压力不大，缺乏个性、舞台魅力较差
自我要求和对他人的要求	知足常乐不会约束人，乐于接受别人约束自己，喜欢顺其自然
做事情的状态	被动、喜欢根据安排去做事情，没有督促容易有惰性，做事情不急不躁、按部就班、能吃苦耐劳、不爱思考、缺乏创造力。工作没什么激情、喜欢做比较简单的事情
思考特点	简单听话、拿来主义、不愿思考
说话特点	语速较慢、声音平和、让人感觉很舒服、很柔和
所追求的	喜欢稳定安逸舒适、自然，渴望被接纳
人际关系	与人交流时肢体动作轻微、温和，眼神很柔和，眼睛经常和对方接触、回应，说话目的不明确，喜欢倾听，不愿意发表自己的见解。善于交际、善于倾听，主动性不够。和每个人都可以有好相处，不会轻易得罪人
面部表情	经常微笑、和蔼可亲
穿着特点	喜欢宽松、休闲服饰，显得舒适自然
头发、发型	自然柔顺、女性喜欢长发飘逸

续表

平和型的性格特点	
运动、活动偏好	运动能力弱，不喜欢动、喜欢散步、喜欢被动
学习兴趣	不愿意主动学习，喜欢听别人讲
精神状态	心平气和、知足常乐、缺乏追求、喜欢安逸、比较消极被动。没什么压力、也没什么动力，需要外在的压力去推动
危机意识	危机意识较差，火烧屁股不着急
自信心	谈不上自信、也不自卑，每天都比较闲情逸致
理财能力	赚钱能力一般，合理支出，花钱容易受身边人的影响
生气和情绪控制能力	很少生气、情绪稳定
形象和色彩偏好	无所谓，自己舒服就行，喜欢绿色等中性色彩
攻击与防守	没有攻击心，防守能力也较差
爱情现象	男性缺乏个性不容易受异性青睐，女性容易被追并很快恋爱、结婚
小时候与父母的关系	和父母的关系很好，喜欢听从父母的，是典型的乖孩子、好孩子。小时经常跟老人在一起
决断力和认错	自己不断、常被别人决断；做错了，乐于接受批评
典型人物	沙和尚

值得一提的是，没有哪一种性格是最好的。

所谓“最好”的性格是复合型的性格即像水一样的性格——娱乐的时候表现出活跃型、思考的时候表现出完美型、行动的时候表现出力量型、与人相处的时候表现出平和型。另外，一个人的性格类型不能通过对方一两次的行为去判断，而需要根据对方的行为习惯结合性格特点去确定。

为了进一步了解性格和岗位，下面从另外一个角度来分析。我们先来对岗位进行分类。企业可以分为研发生产型的企业、销售型的企业和服务型的企业。

表 2-15 针对不同的企业类型列举了一些岗位与性格的对应关系。

表 2–15　不同的企业类型中岗位与性格的对应关系

不同的企业类型中岗位与性格的对应关系		
企业类型	岗位名称	适合的性格类型
研发生产型	研发人员	完美型、力量型
	设计人员	完美型为主
	研发管理	力量型、完美型
	生产人员	平和型为主
	生产人员管理	力量型、完美型、平和型
	生产设备管理	完美型、平和型
	人力资源管理	平和型为主
	产品检测	完美型、平和型
	库管	平和型为主
	采购	完美型为主
	会计	完美型为主
	出纳	平和型为主
	财务管理	完美型、力量型、平和型
	其他服务性人员	平和型为主
销售型	销售专员	力量型、活跃型
	销售助理	活跃型、平和型
	销售管理	力量型为主
	市场专员或助理	活跃型、平和型
	市场策划	完美型、活跃型、力量型
	市场管理	完美型为主
	产品的技术服务	完美型、平和型
	文职工作人员	平和型为主
服务型	客服人员	平和型
	客服经理	平和型为主
	咨询服务	完美型为主
	物流人员	平和型

当然，由于岗位太多，这里没有办法一一列举。

职业岗位有千万种，关键是要做适合自己的。

我们在选定岗位之前先要了解自己的性格类型，同时还要了解岗位的特点，然后选择可以发挥自己性格优势的工作岗位。另外，大多数人的性格不是单一性格而是组合性格，其次基层的岗位与性格之间匹配性会更高一些，而中上层的工作岗位涉及管理与领导，更多需要是这方面的经验，而且关键是可以坐到这样的位置上，不同性格的人做管理会有不同的风格。所以不要纠结性格与职业的完美匹配，很难有百分之百让你满意的职业。只需要这个职业的核心工作和你的性格相匹配就可以。最后，在职业初期要避免去选择对立性格适合的岗位，即完美型性格的人不适合做适合活跃型的人做的岗位，力量型性格的人不适合做适合平和型的人做的岗位。

（3）意愿

意愿，即你想从事什么岗位、你喜欢什么岗位、你对什么岗位感兴趣。

结合以上三个方面我们可以勾勒出“岗位选择图”（见图 2-2）。

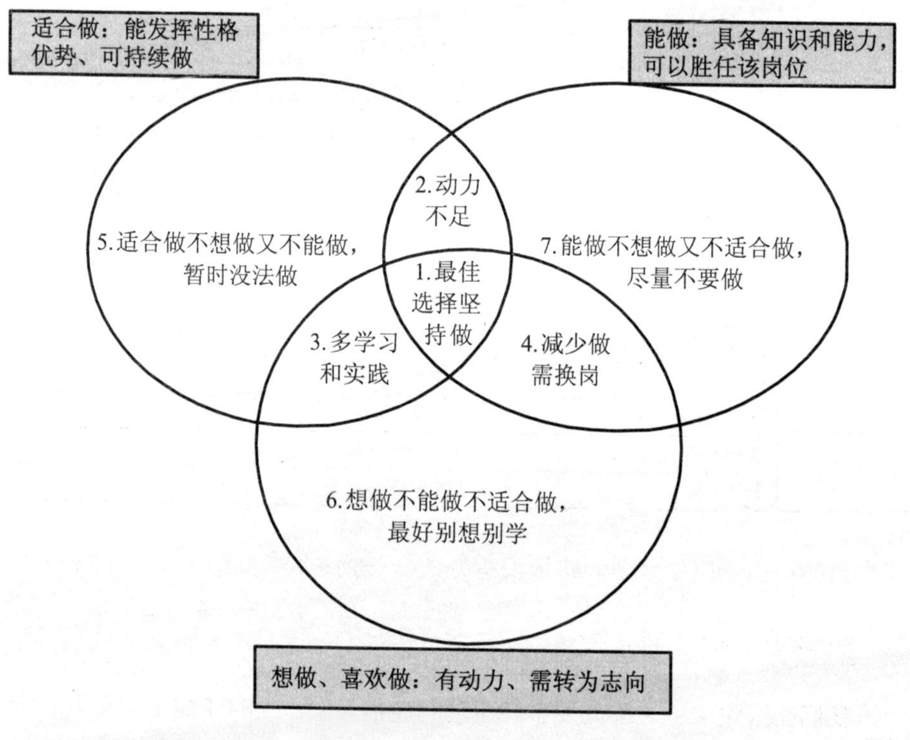

图 2-2　岗位选择图

见图 2-2 所示，用三个椭圆形分别代表能做的、适合做的以及想做的。

三个椭圆形的交集就是你的“最佳选择”。这个交集区刚好满足既想做，又适合做，而且还能做。一旦我们有了最佳选择你就需要坚持做。

大多数情况下，我们都很难有最佳选择。如果没有最佳选择，你可以先做能做的——我们首先需要学会生存，然后再考虑适不适合做，最后考虑想不想做——如果一份职业你能做并适合做，只要你用心做就一定可以做好，所以你可以改变你的想法去适应。

★ 正确对待你与工作的关系，让工作变得着迷

（1）爱岗才能敬业

找到了适合自己的岗位，接下来便是正确处理你与工作的关系（见表 2-16），让自己爱上自己的岗位，爱上工作。

表 2-16　正确处理你与工作的关系

正确处理你与工作的关系	
类型	方法
你讨厌所做的工作	你讨厌的也许不是工作本身，例如父母没有按照你自己的意愿硬是安排给你一份工作，你首先会从心理上去排斥这份工作，也许你讨厌的只是父母的这种行为而不是工作本身，如果是这样的情况，你应该静下心来工作，也许你会喜欢这份工作。人与人之间也是如此，例如你听了别人的评价说某某人怎么怎么不好，那么你见到对方，你就会感觉不喜欢他、讨厌他，其实只是某人的评价让你对他产生了不好的印象
你不讨厌所做的工作	不讨厌的工作有可能让你喜欢，例如刚开始两个不讨厌的人在一起久了，也会日久生情。所以如果你有一份不讨厌的工作，也可以去坚持——随着自己的成长，也许你会喜欢上这份工作
你喜欢所做的工作	就如你喜欢某个异性朋友，因为喜欢你就会开始追求对方，给对方献殷勤等。你在做这份工作的时候很开心、有激情；不过，喜欢可能会是一种假象，例如几乎所有的男人都喜欢美女一样，你喜欢的可能只是她的美貌，而不是她本人，就像很多人喜欢高薪的工作，你喜欢的是钱而不一定是这个工作本身

续表

正确处理你与工作的关系	
类型	方法
你热爱所做的工作	为工作而痴迷：例如像那些伟大的科学家痴迷于科研一样。当你爱一个人的时候，你就会主动为对方付出、无条件付出，就如父母爱孩子一样

（2）正确换岗位，才容易换成功

我们无法保证整个职业生涯只从事一个工作，这其中还涉及换岗的问题（见表2-17）。

表2-17 换岗的一个准备、两个确定、三个原则

换岗的一个准备、两个确定、三个原则	
一个准备	就是让自己可以胜任目标岗位。因为招聘方首先会看你能不能够胜任这个岗位。如果你现在还没有能力去胜任这个岗位，那你很难换岗成功，除非这个公司是你的亲戚朋友创办的。如果你没有准备好，就要先按兵不动，先通过业余时间去学习和实践去准备好。只有你同时满足了适合做和能做，才可以去换岗
两个确定	第一，确定目前的岗位确实不适合或者目前这个岗位已经做到头了、没有什么发展空间。适不适合你——需要根据性格分析去判断，最简单的方法是你做这个工作的时候感觉很压抑、非常不顺心、总感觉不合拍等，那么这个工作就不适合你；这个工作是否做到顶了，有两个原因形成的，首先这个公司的发展速度太慢，以至于你需要更好地平台去发展；其次，这个岗位本身不能满足你的发展需要，例如我刚毕业不久就在一个公司做采购，后来升为采购主管。但是再往上升就是公司的合伙人副总经理，另外，采购做熟了以后没有什么可学得了、没有发展空间。所以我后来就辞职了
	第二，确定你要选择的岗位适合你。如果你要选择的岗位不适合你，即不适合你长期发展，所以没必要去换
三个原则	一是先考虑在本公司内部换岗 如果你目前这个岗位不适合你，而公司内部有适合自己的岗位，那么我们的首选就是在公司内部去换岗。不过这里需要注意，很多咨询者都容易犯一个错——他们觉得目前的工作不适合自己、自己不喜欢，那就没有必要认真做，所以就会在公司“混”。要知道这样下去损失最大的不是公司而是你自己，你虽然可以混工资，但是你失去的是青春年华、失去的是在工作中锻炼、成长的机会
	二是不要轻易跨行业、跨区域换岗 关于换行业和跨区域的风险和成本在本书的前面已经有说明
	三是尽量不要裸辞。很多咨询的朋友在换岗之前喜欢裸辞，然后再去找工作，这样的风险很大

我曾遇到过这样一个案例，并记录到我的咨询日志中：

她申请了 4 次换岗，为什么都没成功

之前，有一位来自广东的朋友找我咨询，她中专毕业，学的是会计专业，毕业 6 年——前三年不断在跳槽，三年里换了七八份工作，直到 2012 年，经朋友介绍，她进入了一个近 1000 人的汽车公司做会计助理：她主要的工作是开发票并做一些辅助性的工作。

因为家庭的原因，她要供弟弟上学，所以她在这个公司坚持了 3 年多，现在弟弟已经毕业了，她终于可以松一口气，她想辞职休整一段时间。

她找我咨询前，简单跟我介绍了一下自己的情况。我建议她暂时不要辞职，等咨询后再考虑。

也许是因为在一个公司待的时间有点长，而且做得不是自己太想做得工作，也许是太想放松一下，总之最后还是辞职了。

她在这个公司工作 3 年多，她跟公司申请了 4 次想去做会计，但是都没有批准。为什么呢？

我曾经做过一个总结（见表 2-18）

表 2–18　企业内部换岗需具备的 6 个条件

企业内部换岗需具备的 6 个条件	
条件	内容
好的工作态度	如果你对目前的工作都不用心做，没做好，你跟上司提出要换岗，上司一般都不会轻易答应，说不定，还会因为你不用心工作而炒你鱿鱼
清楚你想换到什么岗位	这个岗位适合你吗？只有换适合自己的工作岗位才有换岗的必要

续表

企业内部换岗需具备的 6 个条件	
条件	内容
换岗位的基本能力	即可以基本胜任目标岗位，所以换岗之前，你需要先了解目标岗位需要什么基本条件，自己是否具备这些条件，如果不具备，你需要利用业余时间去做准备，当你准备好了再做换岗申请
不要让目标岗位部门的经理讨厌你	如果对方讨厌你，那对方就不会轻易接受你——除非他的上司给你安排；当然如果对方喜欢你，那要恭喜你
你必须取得直接上司的信任	上司信任你才会去目标岗位的部门经理那里说好话——帮你换岗
有机会、有空位	如果你想换的目标岗位，暂时不缺人，你就需要等待机会。这个时候你可以和人力资源多联系——这样可以第一时间获得机会

结合上述案例咨询者的情况——她的工作态度一直很不错，做事非常认真负责、细心也有耐性；她也清楚自己要去做会计，关键是她虽然是学会计的，但是她从来没有做过会计——她也没有到外面去做这方面的培训，所以她目前还不具备做会计这个岗位的能力，即她目前还不能胜任会计这个工作岗位，所以下面三个条件即使都满足，她也没办法在公司内部换岗成功。因为可以胜任目标工作岗位是换岗或跳槽成功的基本条件。因为老板聘请我们去工作，首先得可以用（除非是应届毕业生，公司愿意花时间来培养）。

她虽然跟公司申请了 4 次换岗，但因为不满足基本条件，所以没有换岗成功是很正常的，如果她不提升自己的能力，即使再申请也不会成功的。

当然，如果她通过提升能力，再去申请，并满足其他的一些基本条件，那么换岗就可以成功。

所以换岗需要一个准备、两个确定、三个原则。这样我们就可以将换岗风险降到最低！

选择岗位，你先要明确自己能做什么，然后再考虑想做或适合做什么。你要在能做的基础上求生存，在想做和适合做的基础上求发展。

5. 好公司是你生涯征战的供给站

在我们的职业生涯，通常都是从求职起步，即需要找公司合作开始职业生涯的征战。所以我们都不是一个人在征战。好公司是一个好的平台，是我们征战的坚强后盾，是我们生涯征战的供给站。要选择公司，我们需要先了解公司。

★ 选择好公司，职业才有好平台

根据不同的侧重点，公司可以有多种分类（见表 2-19）。

表 2–19　公司的常见类型

<table>
<tr><th colspan="3">公司的常见类型</th></tr>
<tr><th>划分方式</th><th>类型</th><th>内容</th></tr>
<tr><td rowspan="3">根据资金结构划分</td><td>外资公司</td><td>注册资金全是外资，例如一些国外公司在国内全资注册的分公司，例如 IBM、微软在国内的分公司</td></tr>
<tr><td>中外合资公司</td><td>注册资金是既有外资又有国内资本，例如东风日产就是中日合资公司；对于外资和中外合资公司，根据外资的来源不同可以进一步细分。例如资金来源于韩国，相对应的就是韩资公司或中韩合资公司</td></tr>
<tr><td>全内资公司</td><td>这是我们国家自己的公司，注册资金属于国家或私人的公司；全内资公司也可以进一步划分——可分为国有公司、私有公司以及事业单位和政府部门</td></tr>
<tr><td rowspan="3">根据公司业务的范围划分</td><td>外贸型公司</td><td>专门对国外做出口业务的公司，沿海城市有很多这样的公司</td></tr>
<tr><td>内贸型公司</td><td>只做国内的业务不涉及国外的出口</td></tr>
<tr><td>混合型公司</td><td>既做对外出口业务，同时也在国内做业务的公司</td></tr>
<tr><td>根据公司规模划分</td><td colspan="2">大型公司、中型公司和小型公司
这个划分对于不同行业、划分标准也会不一样</td></tr>
<tr><td>根据法律形式划分</td><td colspan="2">个体工商户、有限责任公司等</td></tr>
</table>

为了便于我们选择公司，我们还需要进一步了解不同公司类型的特点（见表 2-20）。

表 2–20　不同公司类型的特点

不同公司类型的特点		
公司类型	特点	要点
外资或中外合资公司	不管是外资还是中外合资公司，因为涉及至少两个国家的资金，也意味着涉及两个国家的人来参与管理，也意味着需要涉及外语。外企的管理比较规范，岗位细分比较充分，岗位职责比较明确	所以你想进入外企或中外合资公司，你最好是要掌握相应的语言。如果是美资公司，你就需要精通英语——包括读、写、听和说
外贸型或者混合型公司	因为涉及国外业务，所以会涉及多种语言。相对于外资或中外合资公司，这种公司内部一般都是自己人，只是在与对外业务的时候需要用到外语	所以你想进入外贸型或混合型公司做外贸业务，你也需要了解外语——重点是读和写，一般的外贸业务主要是通过电子邮件等网络进行沟通。但是最好掌握听和说。因为有时候也需要你和客户直接进行电话或面对面的沟通
国企单位和事业单位、政府部门	总体特点是这些公司都相对比较稳定，而且福利待遇都不错，工作压力相对较小——忙的时候可能很忙，闲的时候也会很闲。但是对于学历有严格的要求，如果你是编外的，很难有出头之日。另外，要升迁除了看你的学历和能力之外，还需要有一定的关系或者你自己需要善于处理人际关系，不然也很难升职，另外升职机会都比较“死”，一般需要逐步提升，虽然现在有一些破格提升的案例，但是总体上都是慢慢地往上升。所以需要有耐心	如果你是正规的本科学历（当然学历高会更好），并且喜欢稳定、有一定的社会关系或者自己本人善于处理人际关系，那么你就可以选择进入这些企事业单位。政府部门需要去考公务员
私营公司	相对来说，私营公司更加实际、更加注重素质和能力。在管理上相对比较混乱，但是比较灵活、随机应变的能力很强。中小公司的岗位职责不是很清晰，所以在私企通常什么都要干。另外私企的平均寿命比较短（新创办的公司平均寿命只有近 3 年），所以稳定性比较差	对于学历较低的，私企是最好的选择。在职业初期，私企是最容易学到东西的地方。另外，对于想自己创业的朋友，建议先从私企开始工作
大公司	待遇福利比较偏高并稳定、办公环境比较好、岗位职责明确、招聘要求比较高	大公司大家都想进去，所以竞争非常激烈，如果你有实力、不想创业，那么你可以尽量去进入大公司

续表

不同公司类型的特点		
公司类型	特点	要点
小公司	办公环境比较差，岗位职责不清晰、招聘重点考虑能用、待遇一般、福利较少	如果你没什么竞争力，你就先进小公司
总公司	规模较大，环境、资源都会比较好	尽量选择在总公司工作
分公司或办事处	资源相对容易缺乏、环境偏差、规模偏小，尤其是办事处，岗位也不清晰，容易一人多岗成为打杂的	办事处职业初期可以待一段时间，如果没有晋升机会，最好是换工作。分公司得具体情况具体分析，有些分公司，例如外企分公司也很不错

上述表格可以帮助你选择适合什么类型的公司。

接下来便是选择适合你的公司。

（1）什么样的公司是好公司

好与不好都是相对的，需要根据不同规模的公司进行分析。

在培训中我们经常会听到：小型公司看老板；中型公司看管理；大型公司看公司文化。

也就是说，小型公司要看老板好不好、行不行；中型公司要看公司的管理是否规范；大型公司要看公司的文化是否人性。

其实，不管是小公司还是大公司，老板才是公司的魂，即中型公司的管理也是由老板决定的；大型公司的文化也是源于老板和整个管理团队。所以选择公司的关键点还是老板。

那么什么样的老板才是好老板呢？

评判一个人的标准是德才兼备，同样的看一个老板也需要结合品德和才能来评判——老板的品德是相同的，不过不同阶段的老板需要不同的能力；另外评判老板还需要外加两个评判标准即老板的人际关系和“钱”景（见表 2-21）。

表 2–21　评判公司老板的标准

评判公司老板的标准	
标准	方法
老板的品德	好的品德有很多，我觉得老板最重要的三个品德是诚信自律、宽容欣赏、积极进取，即有了诚信和自律就容易被身边的员工、客户和股东信任；宽容他人的错误、接纳他人的缺点欣赏他人的优点可以让老板和身边的人友好相处；积极进取可以带领公司不断做强做大。品德是一个人的根——根深蒂固、厚德载物。不管是老板还是个人要想有所成就都必须要修身养性、培养自己的品德
老板的人际关系	一看曾经的学习经历——毕业学校（当地名校毕业人际关系会好，毕业时间越长人际关系越稳固）、中途是否参加过高端学习（例如 MBA、总裁办或高级管理培训等），二看当前公司的业务关系——关系层次越高、关系越多越好；三是看老板经常跟什么人在一起
老板的“钱”景（公司的前景）	一看他当前公司的规模——通常规模越大越有钱（钱是一种重要资源，钱可以生钱）；二看公司所处在的行业——新兴行业钱景好；三是看公司的盈利模式，就是通过什么渠道赚钱。通常一次性赚钱越多钱景越好；同一个客户会反复消费钱景也会越好
老板的能力	随着公司规模的壮大，老板的能力由具体向抽象转化。例如小公司要求老板的业务能力强，即老板是公司的第一业务员；随着公司的扩大，老板可以招聘好的业务员来为自己工作。这时候的关键能力是识人、育人、用人和留人的能力，需要很强的沟通能力；当公司进一步扩大，公司都可以不需要自己管理，这时候，最需要的是战略眼光和公众说服力

在上述标准中，品德是根基，有了好品德才会有好的人际关系；有了好的人际关系钱景自然不会差。能力在小公司非常重要，随着公司的发展能力越来越抽象——即使没什么能力，他们有好的品德、人际关系和钱，他们可以聘请有能力的人来做事。

（2）如何正确选公司

选择公司分为 5 个步骤（见表 2-22）。

表 2-22　选择公司的 5 个步骤

选择公司的 5 个步骤	
步骤	方法
通过行业圈定公司群	行业的本质其实就是公司群。所以当你确定了行业后，就清楚了要选择的公司群。结合选定的工作地点，你就可以圈定所在地的公司群。公司群可能包含了以上各种类型的公司。例如你选定的行业是计算机行业、工作地点是武汉，那么在武汉计算机行业内有很多种类型的公司：例如 IBM、HP 武汉分公司属于外资公司，方正电脑武汉分公司是国有公司；联想电脑武汉分公司是私营公司；在私营公司里面还有本地的很多中小型公司
通过排除法删除不匹配的公司群	那么具体到某一个人，就需要先了解这个人一些优势。例如你对英语不熟练，那么你就很难进外企；如果你不是重点本科，估计很难进方正和联想。如果你刚毕业，估计也很难进入本地规模比较大的公司。所以在这里做选择首先需要用到“排除法”——排除那些不适合自己的公司
选定潜在的目标公司	根据自己的情况列出选择公司的标准——选择什么类型的公司；选择多大规模的公司、选择某个区域内的公司等
了解目标公司	需要从以下几个方面进行了解：公司属于什么行业、是什么类型，公司的领导团队，老板或掌权人的性格，公司的组织架构（有多少部门，公司有几个层次，如果你要去这个公司，你的直接领导人是谁，他是什么性格类型。公司的规模——在同行当地处于什么样的地位，公司是做什么的——公司盈利模式是怎样的，公司的核心竞争力是什么——在同行当地有什么优势和劣势，如果用一句话介绍该公司会怎么说。你对公司了解的越清楚，你在面试过程就会和面试官有更多的共同语言，面试成功的概率越大
确定目标公司	根据应聘岗位去匹配招聘该岗位的公司：就是要结合你的岗位，看哪些相关公司目前在招聘这样的工作岗位。因为你既然在找工作就需要尽快上岗，虽然有些好公司也有相关岗位，但是这些公司暂时不招聘——你可以先关注，以后有机会再跳。你没有时间去等，因为你也不清楚他们何时才开始招聘，即使知道，你也不一定可以聘上

迷途职返

鸟儿清楚了方向才能勇敢飞翔。

当我们清楚了在什么地方、什么行业、要选择什么工作岗位、什么公司在招聘这个岗位以及我们选择公司的基本标准后。我们就可以圈定几个目标公司进行相关准备。

6. 设定职业路标是征战行动的开始

当你立定了自己的志向，明确了属于你的行业、城市、企业和岗位，接下来你就该想一想，你的职业位置在哪里？

不妨先来做个测试，请回答表 2-23 中的问题：

表 2–23 关于职业位置的测试题

关于职业位置的测试题	
问题	答案（请如实填写）
你的志向是什么（至少 5 年内的志向）	
你准备在哪个行业去追逐你的志向	
你准备在哪个城市去实现你的志向	
为了实现你的志向，你现阶段要做什么岗位，未来的岗位怎样发展	
为了实现你的志向，现阶段要进怎样的公司，未来会怎样发展	
在你的现在和志向之间，你可以设定哪几个职业路标	这一点在后面继续探讨

对于表 2-23 中的问题，你若无法给出清晰的答案，则说明你尚未找到自己的职业位置。

只有找准了自己的位置，才能确定未来的发展方向，定位扎根，远离迷茫与失败。

★ 锁定路标，现在上路

当你拿起地图时，一般会最先找出你的目的地，然后明确自己当下处在什么位置。再找出从当前位置到目的地有什么路径或方式去目的地。对于我们的职业生涯来说，也是如此。

首先你需要确定要到哪里去即目的地；其次你需要弄清楚——自己目前处在什么位置。

要锁定自己的位置，你就需要结合城市、行业、公司和岗位来探讨，见图 2-3 所示。

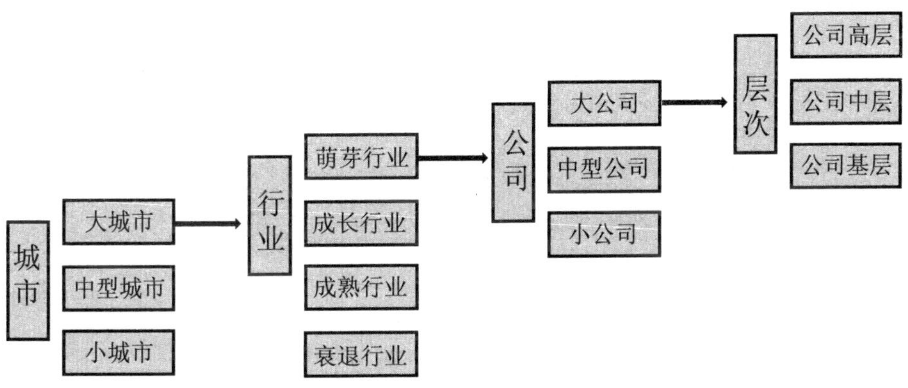

图 2–3　发现自己所在的位置 1

例如，如果你目前所在的岗位是小公司的基层，那么你可以往小公司的中层或中大型公司的基层去发展。除了上述几个要素外，你还可以从职业的不同阶段来判断自己职业所处的位置。

见图 2-4 所示，图中职业生涯阶段只是人生中的一部分，职业起点一般是在 22 岁左右，职业终点一般是在 60 岁左右（政府部门会不一样，比如我国的国家领导人一般都会超过 60 岁）。所以，一般情况下一个人的职业生涯有近 40 年。职业起点和职业终点的高度不尽相同，职业生涯一般先会经过一个总体的上升阶段（当然这个过程中会有起伏），然后会经过一个总体下降的阶段（这个过程也会有波动）。职业顶峰是一个人在职业生涯阶段所达到的最高职业高度。在企事业单位内部，这个高度通常用权力、职位、收入等容易看到的结果来衡量，权力越大、职位越高、收入越高，职业高度就越高。职业顶峰一般在 40-50 岁，当然每个人的起步不一样，到达职业顶峰的年龄也会不尽相同——有的人少年得志，有的人中年立业，有的人大器晚成。

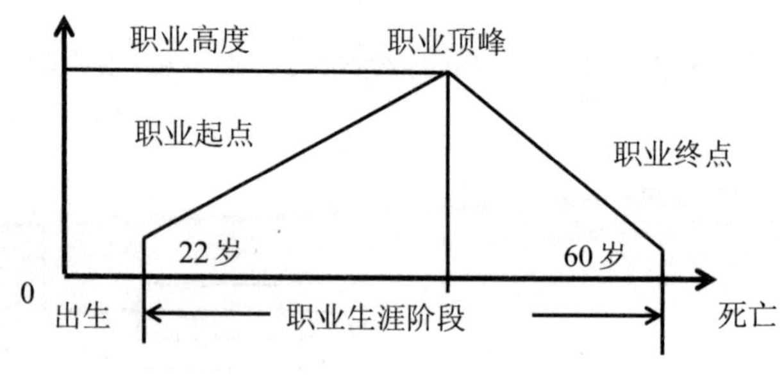

图 2-4　发现自己所在的位置 2

那么，究竟如何设定自己的职业路标呢？

下面通过一个具体的案例来分析，希望可以给你带来一些启发。

见图 2-5 所示：

这是一个在北京长大、上学的咨询者。所以，他的工作地点的选择就非常简单——北京；因为他学的是计算机并去北大青鸟进行了“软件工程师”的培训，且在 IT 行业工作过近 3 年。所以他的行业选择也比较简单——IT 行业，可以进一步定位于软件行业；他虽然换过几次工作，但是他的主要工作岗位是“程序员、软件工程师”。因此，他的岗位也可以定下来——软件工程师。由于保密的需要，我没有设计公司这一栏。所以不清楚他目前的公司规模有多大，他在的资料中说“公司环境不错、收入不错”——可以初步判定，他目前所在的公司规模应该不会小。

1、基本资料：

姓 名	张**	性 别	男	婚 姻	未婚
出生	1983 年	出生地	北京	子 女	无
性格测试结果			W(19) P(9) H(10 L(2)		

2、教育培训：只填写大学以上学历或最高学历。

时 间	学 校	专 业	为什么选择这个专业	获得了什么样的结果
2001．9-2005．6	北京联合大学信息学院	计算机科学与技术	计算机行业就业面广，对此专业有一定兴趣	没学到什么对以后工作有用的东西
2008-2009	北大青鸟	软件工程师	找工作	学到一些有用的，但都是皮毛

3、主要工作经历：

时 间	行业	工作地点	岗位及岗位职能	工作成果、收获	当初选择这份工作的目的	换工作的原因
2005.9-2006.3	IT	北京	程序员	制作了 2 个网站	第一份工作，能找到就很高兴	公司倒闭
2006.6-2006.9	医药	北京	医药代表	销售药品，成绩不怎么样	锻炼口才，希望变外向，锻炼销售能力	觉得不适合做销售，不知道怎么跟顾客讲话卖东西
2007.1-2007.12	游戏	北京	淘宝店主	开始业绩不错，后来不行了	喜欢，能挣到上班一样多的钱	顾客很少来买东西，不赚钱了。
2010.1-2010.7	IT	北京	软件工程师	维护开发好的软件，做的还不错	北大青鸟学习完学校给推荐的工作	脑子里开始胡思乱想，做出一些影响公司工作的行为
2010.7-2012.4	IT	北京	软件工程师	开发项目，做的一般吧	公司环境、收入不错，离家近，	未离职
2005.12-2006.6	直销	北京	兼职做直销代表	有点收获，不多，	锻炼销售能力，锻炼说话能力	说不清，感觉自己不想做这个。

图 2-5　咨询者案例截图

具体如何合理设定他的职业路标呢？

这个首先需要了解他目前的公司晋升制度，例如，从软件工程师到项目主管需要几年晋升、做技术主管需要积累几年、做技术经理需要积累多少年等，也可以了解一下行业内其他公司的晋升情况，这些信息可以做参考、可以帮助他合理设定职业路标。当他了解清楚后，就可以设定几个职业路标；然后就可以朝下一个路标行动，当他达成一个路标后然后继续向下一个路标前行……如果公司的发展约束了自己的发展就要选择换公司。

★ 定位是定现在，定向是定未来

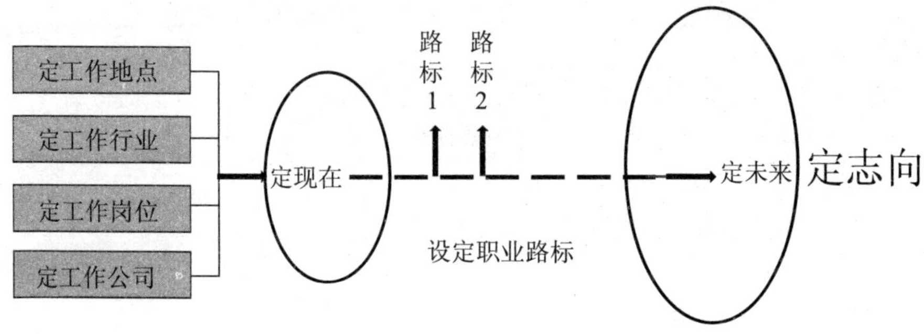

图 2–6　定现在 VS 定未来

见图 2-6 所示，定位就是定现在，主要包括本章前几节讨论过的定地点、定行业、定岗位、定公司；定向就是定未来，主要是本章第二节讨论的定志向。

设定职业路标就是在现在和未来之间设定职业目标（中长期的）和行动目标（短期的）（见表 2-24）。

表 2–24　设定职业路标四步走

设定职业路标四步走	
步骤	方法
了解岗位需求	你可以根据相应岗位的发展设定职业目标（中长期的），前提是需要了解公司内部该岗位是如何晋升的，行业内部该岗位是如何发展的
循序渐进设定目标	行动目标（短期的）建议先设定 1-2 个路标比较实际，当你达成后再去设定下一个。当然你也可以设定多个——但在实际操作中没有多大意义，因为路标 1 的达成决定路标 2 的实施
描绘“职业路径虚线”	未来之路是有方向的但职业路径或路线是不确定的，没法清晰描述出来。但是你可以设定各个路标，描绘自己的“职业路径虚线”——具体的职业路径不是设计出来的，而是我们“走”出来的（所以图 2-6 中路标与路标之间用的是虚线），在这过程中需要不断调整

续表

设定职业路标四步走	
步骤	方法
确定最终目标	你的最终目标是实现我们的志向。当你的职业生涯结束时，你走过的路径就是你真实的职业路径——它不可能像图中虚线连起来那么直，真实的路径一定是曲折的。

那么，锁定路标之后，如何从现在的位置去目的地？

职业生涯不像现实生活。例如你去北京，已经存在现有的路线、路径，而且还有现成的地图或 GPS 导航系统。你只需要设计路线、选择路径就可以到达目的地。

在职业生涯的过程中，没有绝对现成的职业路径或职业路线供你选择——别人的职业路径只能仅供参考。另外，你也没办法详细去设计自己未来的职业路线，因为未来是未知的而且随时都会变化。

先看一个小故事：有一位马拉松的世界冠军，每次在比赛之前他会在马拉松的路程中每 4 公里做一个路标，整个赛程 40 多公里，一共做了 10 个路标，他在比赛的过程中不是跟别人比赛而是跟自己比赛，他每经过一个路标，他就知道花了多长时间已经跑了多少路程、还剩多少路程、还需要多少时间，如果慢了或快了都可以马上调整，只要他按照既定的节奏跑完全程，通常他都是世界冠军，这就是世界冠军的秘密。

一般来说，一个人的职业生涯有将近 40 年——相当于一个职业马拉松（所以职业生涯的成功并不是赢在起点而是赢在终点——谁能坚持到终点，谁就能笑到最后）。我们不可能在现在设想未来的所有路径，但是我们可以在把握宏观的基础上，去设定下一个职业路标，当你实现了这个路标，然后再设定下一个职业路标。这样就会不断靠近最终的目标。

对于多数人来说，只要自己不断在进步、在成长，那么他的职业就具备发展性，当然职业的发展还表现在外部的资源——例如你的人际关系越来越丰富，人际关系的层次越来越高。另外，从自由度的角度来说，一个人的职业发展越好自由度也会越高；从收入的角度来说，你的收入越来越高，也表明你的职业在不断发展。

除此之外，想要评判自己的职业是否在不断发展，以下几个标准可供参考（见表 2-25）：

表 2–25　判断职业是否在发展的标准

判断职业是否在发展的标准		
判断	标准	方法
同一个工作岗位上的发展性	能力、经验是否在增加	在同一个工作岗位上，你的工作能力和经验不断在增加，说明你在成长，你的职业也在发展。通常，同一个工作岗位，只需要用心做，做得时间越长，在这个岗位上积累的工作经验会越丰富，工作能力也会越强。不过，同一个工作岗位干得时间超过了某一个时间节点——你的能力和经验会达到某个极限之后就很难继续增加。这个时候，就需要通过换工作来发展职业
同一企业内的发展性	职位是否在不断升高或能否胜任多个岗位	在同一个企业内，如果你的职位在不断升高，那说明你的职业在不断发展。例如，在某个公司的某个部门从基层员工提升到主管再到部门经理，甚至升到副总经理、总经理。那说明你在不断进步与发展；在同一个企业内，你可以胜任多个工作岗位，说明你的工作能力和经验也在不断增加，你的职业在横向发展
同一个行业内的发展性	公司规模是否在扩大	在同一个行业内，如果你的岗位不变，但是你所在公司的规模在不断增大，说明你的职业也在发展。例如，你刚毕业那会，进入某个行业的某个小公司做技术，随着你经验和能力的增加，你跳槽到同行的一个中型公司，然后再跳槽到同行的大型公司，那么说明你的职业也在不断发展
不同行业内的发展性	能否游刃有余地转换行业	在不同行业内，如果你从一个行业内某公司的中高层跳到另外一个发展性行业的中高层，那说明你的职业也在发展。从生涯规划的角度来说，在职业初期不要轻易去换行业。但是在一个人的职业发展到了一定的高度后，你可以突破行业的限制进行职业转换

续表

判断职业是否在发展的标准		
判断	标准	方法
从就业到创业的发展性	能否成功创业	从就业到创业并创业成功，说明你的职业有突破性的发展。创业成功的标准：一是盈利，刚开始创业通常都是亏损的，一旦开始盈利，说明创业开始进入良性循环，这是创业成功的转折点或基准点；二是持续盈利，刚开始盈利是创业的转折点，持续盈利说明这个创业的盈利模式已经形成，企业只需要继续按照这种模式去发展就会越来越好；三是在盈利的基础上扩张、复制——例如开分店、开办事处、设分公司、搞加盟、上市等

大家可以自己对照表 2-25，判断你的职业是不是在发展。

俗话说不进则退，如果身边人的职业都在不断发展，而你的职业原地踏步。那就说明你的职业不仅没有发展，而且在相对后退。

可见，与时俱进、不断发展才是硬道理。

★ 掌控发展方向盘，未来在自己手中

找到你的职业位置后，最后一步就是要及时制定行动目标。

有了目标才能掌控方向，并最终到达目的地（见表 2-26）。

表 2-26　关于行动目标的设定与实施

关于行动目标的设定与实施	
问题	答案（请如实填写）
你有哪三个行动目标？并按优先顺序和时间先后排列	目标 1： 目标 2： 目标 3：
你达成这三个目标的行动方案	目标 1 的方案： 目标 2 的方案： 目标 3 的方案：

现在开始去实现人生的目标、志向，完成自己的使命，这就是一次远行、一次征战。

你的心是好的，你的世界就是好的。你可以不断调整自己去你想去的地方。

“你的心在哪里，你的收获就在哪里。”

只是，你在行动的时候需要从两个方面来掌控方向盘：

一是 Follow Your Heart，即跟从你的心，不可以偏离人生正道；另外，当你觉得无能为力的时候，也可以向你的内心去求，心灵之所以叫心灵，是因为心灵是有灵性的，有时候，你突然会听到内心呼喊的声音。我们的潜能也来自灵性。灵性喜欢安静、简单、纯粹。当你做某件事情心无旁骛、达到忘我的境界，就可以最大化地显现灵性、激发潜能。

二是每天计划、行动、总结，并调整计划朝目标前行。

见图 2-7 所示，这是达成目标的 5 大步骤图，具体内容见表 2-27 所示。

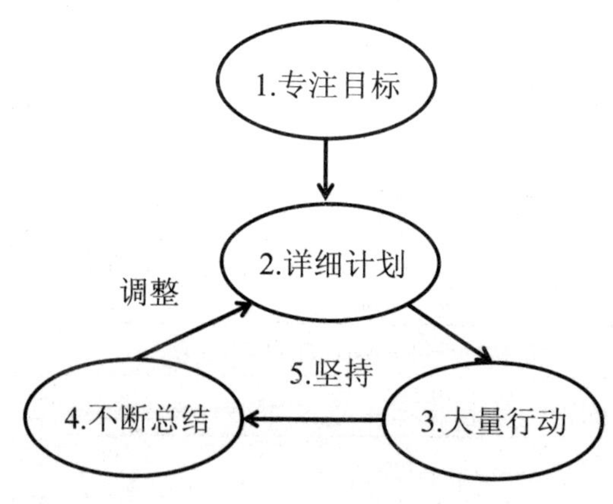

图 2–7　达成目标的 5 个步骤

表 2-27　达成目标的 5 个步骤

达成目标的 5 个步骤	
步骤	内容
专注目标	设定行动目标需要符合你的人生目标、职业目标。一旦设定好了就要去专注，不要轻易更换，更不要频繁换目标（除非发现自己的目标是错误的）
详细计划	计划就是目标细分和整合资源。计划越详细、执行越容易
大量行动	大量行动有一个作用就是你可以看到结果，结果可以激励你继续行动。在人生的过程中，真正能够激励自己继续行动的是你做出来的结果，而不是来自外界的短暂刺激，你一旦缺少了那样的刺激，就又会成了没气的气球。只有行动才能产生结果，只有大量的行动才能产生大量的结果；如果没有行动，就不会有任何结果
不断总结	刚开始行动不一定正确、有效，你需要在行动的过程中不断地总结，即有效地行动要不断地重复；行动效果不明显需要如何调整；行动没有效要尽量避免。通过总结先调整计划，然后再去行动，这样行动就会越来越有效
坚持（重复）	成功都是持续努力的结果。所以成功就是不断地重复做简单有效的事情。这样就会从量变到质变、厚积薄发

总之，要想真正远离职业迷茫，不仅需要进行职业生涯规划，还需要在设定目标的基础上不断去行动、总结、修正——用行动去实现规划，这样你才能在漫漫职业生涯中真正扬帆远航。

★ 设定与达成目标

见图 2-8：设定目标是先有大目标（志向、梦想或理想），然后通过目标细分得到长期、中期、短期目标，再细分到月目标、周目标和日计划（即每天的行动安排）；而达成目标是从完成每天的计划和任务，从而积累完成每周、每月的目标，月度目标累积达成季度目标、年度目标等。

总之，设定目标是由大到小；而达成目标是由小到大。人生首先需要有大的征战的方向，然后通过每天小的征战、奋斗，一步一步朝着我们的终极目标去前行、去累积，最终我们才有可能完成人生的使命、达成人生的志向、实现人生的梦想。

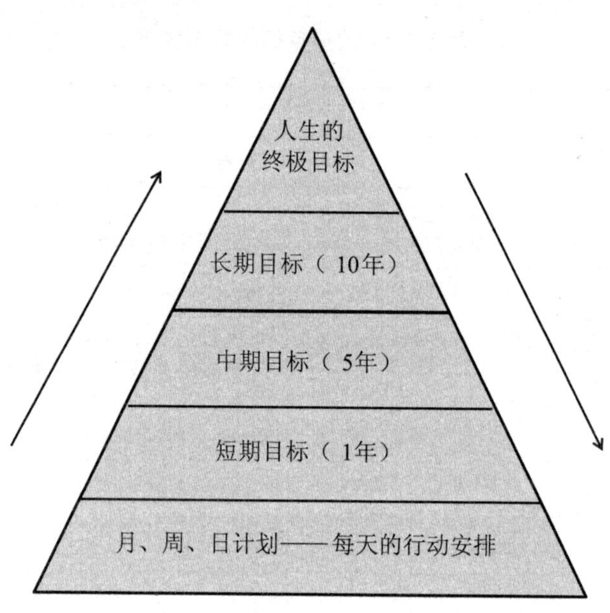

图 2-8　设定与达成目标

不谋全局者，不足谋一域。当我们通过 3+3 职业生涯规划体系明确了自己的志向以及行业和城市定位后，我们就可以从全局来看自己的未来。当我们进一步明确岗位、公司定位以及通过现在和未来之间设定职业路标。我们就可以通过征战不断达成小目标去积累完成大目标，最后完成自己的使命达成自己的志向。

但是我们真实的职业生涯路径需要我们用每天的行动去描绘。

再好的职业生涯规划如果没有行动去支撑，那只是一个美好的幻想。

面试是一个双方谈判的过程，
你想要获得就业机会、
发展机会、希望获得较高收入……
求职，需要一个好的履历，
需要根据自己的求职目标去搜索、检索，
运用所有的途径去尝试。

《勇敢的心》，华莱士在战前有宣言，《巴霍巴利王》，巴霍巴利对抗于自己数倍敌人的战前也有宣言。我们在开始征战之前也需要宣言——通过精心的准备向这个世界宣告，我要开始职业生涯的征战。

1. 漫漫求职面试路，想说爱你不容易

在职业生涯中，从学校进入社会的第一步就是求职面试。另外，在职业发展的过程中，因为需要做职业转换，即需要经历多次求职面试。

为求职面试做准备，规划自己的未来，是你接下来要做的事情。

请思考：如果你是招聘企业的老板，TA 会针对你应聘的岗位聘用你吗（见表 3-1）？

表 3-1　TA 会聘用你吗

TA 会聘用你吗	
问题 1	你有什么能力去胜任这份工作
问题 2	你做这份工作和别人做有什么不一样的优势
问题 3	作为老板的你，你愿意为自己支付多少月薪
问题 4	你会招聘一个对你公司和行业都不了解的人吗
问题 5	作为老板，你希望应聘该岗位需要什么条件——你满足这些条件吗

★ 知己知彼才可能面试成功

了解自己，前面已有介绍，接下来我们主要来了解招聘方。

具体包括以下几个方面：

（1）了解招聘公司

你越了解招聘公司，在面试过程中，你和招聘方的共同语言就会越多，面试成功的概率就越大。这一点请参考上一章第六节关于“如何正确选公司”。

（2）了解招聘人的想法

小型公司一般都是老板亲自面试——相对来说比较容易。

下面主要探讨一下中大型公司的招聘。中大型公司招聘一般涉及两个部门——人力资源部和用人部门（例如技术部需要用人，一般技术主管或经理会参与面试）。

因此，你在求职过程中至少需要通过两关——先通过人力资源部的筛选，然后获得用人部门的认可（见表 3-2）。

表 3-2　招聘人的关注点

<table>
<tr><th colspan="3">招聘人的关注点</th></tr>
<tr><td>招聘方</td><td colspan="2">关注内容</td></tr>
<tr><td rowspan="6">人力资源部</td><td rowspan="6">宏观要求</td><td>年龄</td></tr>
<tr><td>学历</td></tr>
<tr><td>工作年限</td></tr>
<tr><td>性别</td></tr>
<tr><td>薪水要求</td></tr>
<tr><td>求职态度</td></tr>
<tr><td rowspan="3">用人部门</td><td colspan="2">你曾经做过什么、为什么离职</td></tr>
<tr><td colspan="2">你具备什么样的基本技能、专业技能以及行业经验和资源</td></tr>
<tr><td colspan="2">你来这个公司可以做什么、你能够听从公司的安排吗、你与部门的其他人员可以友好相处吗</td></tr>
</table>

值得一提的是，用人部门主要是关注你是否能用、是否好用，而不会太在意你的学历、年龄和性别等。所以这一关比较难过，不是通过设计简历就可以的。这关要过的关键是你自己曾经的工作态度和工作经历让你养成了什么样的工作习惯、积累了什么样的工作能力、经验和资源决定的。

总的来说，用人单位通常会关注以下 5 个问题的答案（见表 3-3）。

表 3-3　用人单位关注的问题

用人单位关注的问题	
招聘方	关注内容
你为什么来这里	“你为什么来我们公司应聘而不是去别的公司” 这个问题一般都是人力资源部面试时提出来的，他们想了解我们公司是什么地方吸引你来的，所以你需要事先了解所面试的公司，并准备合理的回答
你能为我们做什么	“如果公司招你来，你可以帮我们解决哪方面的问题，你有什么擅长的技能，你有什么样的行业经验以及确定你不会给公司带来什么麻烦” 这个问题，人力资源部和用人部门面试时都会提出来。人力资源部想通过这个问题从宏观上了解你具备什么样的工作经验；而用人部门想通过这个问题从工作本身来了解你是否可以胜任这个工作
你是哪种类型的人	“你的性格是怎样的，你有什么优势和缺点，是否能够和公司的其他人友好相处，你是否认同我们公司的文化、理念” 关于是否认同公司的文化和理念，这一般也是人力资源部问的，他们一是想了解你是否了解本公司的企业文化和理念，二是你个人的理念是否与企业的文化理念一致；关于与人相处的能力，人力资源关注的是你不会造成部门与部门之间的矛盾；用人部门更关心你是否能够服从安排并与本部门的其他同事友好相处
你觉得自己和其他的应聘者相比有什么竞争优势	“你有什么好的工作习惯、工作态度？你是否愿意早来晚走？你是否愿意付出？你是否能够胜任工作并比其他人做得更好？” 这个问题针对的是具体工作岗位上是否具有竞争优势提出来的，这是用人部门提出来的。用人部门招人是拿来用的——所以最关心的是是否能用、是否好用。如果招人用来培养的——那么他们最关心的是面试者是否具有潜质、是否值得培养
我们雇得起你吗	“如果我们雇用你，你对薪水的要求是怎样的？如果太高，超过了我们的预算，我们可能用不起你，或者说你是否觉得我们支付的薪水不如别的公司给的高？”这个问题不是用人部门关心的，这是人力资源要问的——因为他们设计了薪酬体系，如果你的薪水要求太高、打破了这个体系，他们就不会用你或者做不了主，可能要请示领导人

通过上面的 5 个问题，招聘方其实是想了解——如果聘用你，他们有什么顾虑。

因此，你在面试的过程中需要尽可能地将对方的顾虑降到最低。

那么，作为招聘方，他们会有哪些顾虑呢（见表 3-4）？

表 3-4　用人单位的顾虑

用人单位的顾虑	
招聘方的顾虑	具体内容
能否胜任	交给你的工作，你做不了，你不能胜任这个工作岗位。公司需要用你创造价值，而不是招一个没用的人来养着
能否听话	你总是我行我素，不听从安排、不尊敬上司、领导。招你来是需要你服从工作安排、尊敬上司和领导，这里是公司、是有规矩的，你需遵守规矩。尤其是基层的员工，首先要学会服从、执行上司的安排
能否分担	你的工作态度有问题，叫你做什么就做什么，从来都不积极主动去为上司或同事分担工作；公司招你来不是仅仅来听使唤的，你是一个大活人需要积极主动和同事分享快乐、分担责任
能否共处	你不能和其他员工友好相处，总是还跟同事争吵、引起同事矛盾。公司招你来不是让你制造矛盾而是要与同事友好相处、要尽可能避免冲突
能否加班	你总是迟到早退，从不愿意加班；公司有一定的规章制度需要人人都去遵守，偶尔也需要加班。尤其是在私企
能否忠诚	你来了没多久，又想换工作。公司希望你长期做下去、要有忠诚度
能否遵纪	担心你将有办公室恋情。公司招聘你来是工作的而不是来谈情的，办公室恋情会不仅会影响你自己的工作还会影响他人的工作。如果真的有情——可以在工作之余谈或者其中一方换个工作
其他顾虑	如果你是女性，公司还会担心，你是否将面临谈恋爱、结婚、生小孩等，总之，招聘方希望能够将聘用你的风险降低最低

针对用人单位的关注点和顾虑，你最好对以下两方面进行自我调节：

（1）态度 VS 能力

在招聘过程中，面试官不仅会对你的能力进行评估，还会对你的态度进行评估。

例如你是否准时到达面试地点；你见到面试官时，是否恭敬、是否面带微笑、是否有礼貌、是否等面试官让你坐你再去坐；坐下时，你是否只坐凳子的三分之一，你的身体是否稍微前倾并坐端正，手脚不要随意乱动；面试过程中，你是否专注？面试官说话时，你是否认真倾听、经常有眼神的交流、适当的回应；回答提问，你是否自信而不是犹豫、你是否看对方的眼睛、说话是否礼貌、客气等。

作为求职者，你虽然可以去挑选你想进入的公司，但是，大多数情况下，你都是被选择，尤其是刚入职场时。所以，你的态度很重要。如果你在面试的过程中，态度不好，那么你面试成功的概率就会很小。如果有两个能力差不多的人，那么面试官就会选择态度好的那一位。所以态度和你的能力一样重要，千万不要忽视你的求职态度。

（2）心态决定状态

求职面试本身就是一个自我销售的过程，有一句话说得好“销售就是信心的传递、情绪的转移”，所以你一定要有个好的心态。

“求职”通常容易让人理解是“求”人获得工作。所以很多求职者的心态都带有“求心”。

如果你有“求心”，那么你就会觉得自己和对方不是在同一个平面上，而是会觉得对方高高在上。这样，自己就很容易自卑。一个自卑的人很难获得面试官的青睐、获得面试成功。所以找工作面试要有一颗平常心——找工作其实是一个双向选择的过程，面试不仅是对方了解你的过程，同时也是你了解对方的过程。最佳的选择是彼此都比较满意，从而合作成功、达成双赢。

总之，面试就要让对方放心聘用你，从你出现在招聘现场的那一刻，你就在展示你自己——让对方对你有个良好的第一印象；在面试洽谈的过程中，让对方觉得你既可以胜任这份工作又不会增加对方的麻烦——让对方对你放心。在面试结束后，你需要有一颗感恩的心——发一封感谢的邮件或短信，让对方进一步记住你。最后，他们就可能会放心录用你！

迷途职返

知已知彼百战百胜。面试是一个双方谈判的过程，你想要获得就业机会、发展的机会、希望获得较高的收入、希望工作环境好、工作中的人际关系好处理；而招聘方想找一个既能用、好用又实惠的工作伙伴。如果你想在这个谈判中获得好的结果。那么你事先需要做深入、全面的了解和调查。

2. 达摩克利斯之剑：招聘信息“套路”深

达摩克利斯之剑——The Sword of Damocles，中文意思是“悬顶之剑”，用来表示时刻存在的危险。

我常常奉劝走在求职路上的朋友，心中要时刻敲起警钟，随时有危机意识，才能“临绝地而不衰”。

2016 年 10 月 31 日，《北京青年报》报道了一则消息：

连日来，来自北京和重庆地区的近百名 IT 行业求职者向记者反映，一家总公司位于北京的招聘单位以“不符合招聘条件”为由，要求应聘者参加培训机构的“集训”，并向应聘者许下“集训”结束后可获得高薪岗位的承诺，但最终高薪岗位却难以兑现。

很显然，上述报道中的求职者陷入了“招聘陷阱”，在我看来，这背后反映出的是求职者的“捷径心态”。

在社会流动不断加速的当下，劳动力市场也面临着激烈的竞争。一方面，求职者之间要进行比拼，那些拥有一技之长和突出综合素养的求职者更容易得到用人单位的青睐；另一方面，用人单位之间也要进行较量，那些能够提供较高的薪酬待遇、较好的发展平台、能够让员工“体面劳动”的招聘单位，更容易受到求职者的追捧。

很多骗局正是利用了求职者的“捷径心理”，将求职者作为“唐僧肉”，招聘企业和培训机构、借贷公司形成了利益合谋：招聘企业以高新岗位为“诱饵”，一步一步将求职者捆绑在“招聘陷阱”里。直到“梦醒十分”，这些求职者才发现“上了贼船”；可惜的是，骗子们早已赚得盆满钵满。

可现实中却偏偏有求职者接二连三地上当受骗，冷静分析，原因有三：

（1）缺乏风险防范意识，贪图好“钱景”与好“前景”

在人的不确定因素不断增加的风险社会，一些求职者缺乏应有的警惕和风险防范。既有“钱景”又有“前景”的好工作，通常都会有很高的求职门槛；可是，“招聘陷阱”却只要求只要大专以上学历，不限专业和工作年限。这种打破常识的“好事”，又怎么会轻易地降临在求职者身上？

（2）“掉馅饼”不常有，“挖陷阱”却常见

天上掉馅饼很少有，地上“挖陷阱”却很常见。在一个习惯用一段财富来衡量一段生活好坏的时代里，高薪岗位能够给求职者带来更有尊严的生活，让他们拥有更多价值实现的成就感。高薪岗位就像“香饽饽”，向往高薪岗位的人们犹如过江之鲫；那些精明的商家善于利用“人性的弱点”，将“招聘陷阱”作为一门生意。

（3）精神世界的软肋：让我一步登天吧

在社会中寻找自己的位置，是每一个求职者面临的现实考题。不愿意从底层做起，渴望一步登天；不喜欢待遇差的工作，追逐高薪岗位——在一个机会主义盛行的社会中，渴望事半功倍的“捷径心态”，在一些年轻人心中潜滋暗长。求职者精神世界的“软肋”，被商家们精准被捕捉到了；并不高明的“招聘陷阱”，一次又一次得逞。

对于求职者来说，如何不被“招聘陷阱”围捕、捕获呢？

我的建议是：

一方面，要提升风险防范意识，对超出常规的好事保持应有的警惕；另一方面，学会认知自我、进行清醒的自我调适，愿意在平凡的岗位上一步步实现人生突破。只有多管齐下，“招聘陷阱”才会缺乏生存空间。

★ 自古套路不可信，虚假招聘全是坑

有人说，这是个充满了“套路”的世界，让人看不透、玩不转。

据我总结，在招聘界，骗子的套路往往是内容华而不实，待遇过分夸张。

当你在招聘启事中看到以下这些字眼基本就能判断出来这可能是则虚假招聘启事。

“套路”① “无学历要求、无工作经验要求、可直接上岗”

每家公司用人都是有成本的，你也想用 5 块钱买到最甜最好吃的苹果，难道老板就不想 以一定的薪水招到最高学历、经验最丰富的人？

“套路”② “押金、培训费、报名费、体检费、填表费、服装费”

任何招聘单位以任何理由收取费用的行为，都属于非法行为。这时候最需要你揣好兜里的钱“一毛不拔”，要知道你找工作是来挣钱的，不是花钱的。

“套路”③ “高薪招聘”

如果一家公司的招聘启事上用了“高薪招聘”四个字，且给出的薪资明显高于同职位同工种薪资水平，那你就要多长个心眼了，到底是这家公司效益好，还是名企。

“套路”④ “本广告长期有效”

一家公司是得有多缺人，才需要“长期有效”？要么是想骗你钱，要么是想骗你劳动力，没有第三。

“套路”⑤ “您已通过我司面试，请尽快入职”

看起来很正常的一条短信，可是……宝宝还没有去面试就直接被录取了？凡是 不遵循约定俗成的“投简历 - 筛选 - 通知面试”的招聘流程，可以直接忽略了。

“套路”⑥ “到地铁站之后我去接你”

曾经有朋友亲身经历这种情况！如果对方提出去接你，那么这很可能是一个藏在某个犄角旮旯的传销组织。

“套路”⑦ “急招 100 名打字员”

一次招人过百，岗位从总经理到属下员工一线贯穿，除非是新开的公司，否则要么是恶意炒作，要么就是骗子。

“套路”⑧ “跟单员、录入员、公关人员、电话接线员、兼职翻译”

这些往往是骗子公司高频出没的职位，如果想在业余时间做些兼职，务必要先擦亮双眼。

“套路”⑨ “贴在马路边、电线杆或人才市场的外墙上”

好歹现在也是互联网社会了，电线杆上的招聘广告却依然顽强地活着，但是信了你就输了。

“套路”⑩ “abcdefg@163.com/@qq.com/@126.com…”

（此处无任何黑意）再小的企业都会有自己的邮箱域名，一般和企业英文名相同。如果发你邮件的人用的是个人邮箱地址，那就得三思了。

一份比较真实靠谱的招聘信息，至少应该有以下这些内容：

公司简介：包括企业的性质、经营范围等。

招聘职位：包括职位名称、任职要求、对员工的素质的要求、工作地点等。

联系方式：包括联系电话、电子邮箱、传真、联系人等。

途迷职返

如果说招聘的初衷在于“招揽人才”的话，“招聘陷阱”的目标就在于“收敛钱财”。求职不易，擦亮双眼未来的路才能走得更顺、更远！

3. 简洁而有力的简历才是你的机会之钥

设计求职简历是为了获得更多求职面试的机会。

★ 只要一斤铁，不要半斤棉

如果让你在一斤铁和半斤棉花之间选择更有分量的一个，相信大部分人都不会选错。

而在准备简历时，恐怕很多人都会选择棉花而不是铁。他们想当然地认为用人单位也会选择棉花。因为棉花看似洁白、漂亮，且有一大堆，而一个小小的铁块看着难免寒碜许多。

殊不知，用人单位要的不只是体积大、漂亮，而是实实在在的分量。

简历的核心作用是获得面试机会，所以简历一定要体现你的优势，要有核心内容，让人力资源部的人一看就有眼前一亮的感觉，有分量，而不是一堆华而不实的棉花。很多求职者，把简历设计成了一本书，而招聘方通常都没空看就当废纸丢弃在垃圾桶里。一份有竞争优势的简历主要包括以下五个模块（见表 3-5）：

表 3–5　简历的五大模块

简历的五大模块	
模块	内容
明确应聘的岗位（姓名和手机号码）	人力资源部招聘通常都会同时招聘多种岗位的人，所以他们收到简历的第一步是根据不同的招聘岗位对简历进行分类 优势简历的第一模块就需要明确应聘的岗位，应聘岗位必须唯一，如果你有多个求职意向需要设计多份简历——如果你做了生涯规划，那么对你当下来说，只有一个岗位是最合适你的。（姓名和手机号码）放在第一模块是为了方便招聘方可以第一时间联系到你
总结自己的优势	如果你有工作经验，你需要通过你的工作经历去体现你上面总结的优势，让你的优势是可信的
用学习经历体现优势	学习经历包括在校教育经历以及毕业后的各种培训、进修以及自学等。你需要通过自己的学习结果来体现你的优势
基本资料和联系方式	例如姓名、性别、年龄、婚姻等

续表

简历的五大模块	
模块	内容
好的自传促求职（附件）	自传可以以附件的形式展现。好的自传可以给招聘方留下好印象。求职简历是通过梳理的框架，而自传可以在框架的基础上显得有血有肉（注意，自传不是简历的一部分，但是好的自传可以配合简历促进求职）。当然冗长无趣的个人自传会适得其反——招聘方通常都不会有耐心看完超过两页的自传（除非你的自传非常精彩）。所以个人自传尽量控制在 1-2 张纸内。自传的内容可以包括：家庭及成长背景、个人成长经历（学习经历、实践经历、工作经历）、个人的生涯规划和总结性的结束语。个人自传也需要服务于求职，自传要进一步体现和突出自己的优势。如果你提供个人自传，需要单独起页，不要连在简历之后

★ 优势简历的样板

之前，有一位来自广东的咨询者找我指导她如何设计简历和面试。

我要她把之前的简历和招聘方的要求发给我。另外我要她自己去了解招聘方的情况（人力资源部是谁负责招聘，用人部门的负责人情况）。

我看了她发给了我的简历。这份简历和很多求职者在网上发布的简历一样——基本格式都是，先是自己的基本资料，例如姓名、性别等，然后是自己的学历、工作经历……

这样的简历——除非你的工作经历体现的工作经验非常匹配招聘岗位，否则都会石沉大海。所以，我给他设计了一个优势简历的样板——有些内容是我给她归纳出来的，有些内容是自己完善的。

简历具体包括以下 5 个模块：

（1）应聘的工作岗位

销售助理（姓名和手机号码）。

（2）做“销售助理”的优势

优势可以是多方面的。

这个需要结合你自己的实际情况去总结，还需要根据招聘岗位的条件进行设计。例如我给她总结了五大优势（见表3-6）。

表3–6　做“销售助理”的五大优势

做“销售助理”的五大优势	
优势	内容
经验优势	我有3年多的助理（含1年多的销售助理）工作经验，能够熟练使用Word，Excel等办公软件，并具有较强的文书写作能力。（因为招聘条件是1年以上的工作经验，并能够熟悉使用相关软件、具有较强的文书写作能力）
性格优势	我的主性格热情、有感染力、喜欢与人沟通——可以较容易赢得经销商的认可，可以和经销商直接保持很好的沟通，也可以通过电话沟通催款（热情可以感染对方） 我的辅助性格平和、顺从、乐于倾听——可以深入了解到经销商的需求、建议，从而可以为经销商提供周到的服务并和经销商建立长期的合作关系 我的总体性格是善于和人相处——对外，可以和经销商维持很好的关系、让他们始终成为我们的客户；对内，我可以和生产部、人力资源部、财务部等各个部门保持很好的协同关系、不会造成部门之间的矛盾 而且我还是一个十足的团队成员，我的积极乐观可以带动团队的其他成员，我乐于配合和跟随——是一个非常好的助手 所以，我可以成为一个优秀的助理
家庭优势	我已结婚生子、家庭关系稳定，所以我可以在贵公司长期发展，不会因为个人感情、婚姻、生育等给公司带来不利。另外，相对来说成家的人更可靠（这可以减少对方的顾虑）
外形优势	身高160 cm，身材较好，无外形缺陷，有自信，不容易让人讨厌。（因为销售助理的工作需要经常与人打交道，所以如果有这种优势就可以写上去，不过要注意，如果负责决策的人是你的同性，这种优势最好不要写上去，因为尤其是女性，你说你的外形比较好，对方通常都不会太舒服——女性容易对外形产生妒忌）
其他优势	我在当地工作、生活近5年了并已安家，了解当地环境、熟悉当地交通，另外，我也乐于出去拜访客户——催款、收款。（这些有助于工作，如果你是一个外地人，不熟悉当地的环境和交通，会增加工作的负担）

（3）工作经历

工作经历需要进一步巩固“经验优势”。注意，工作经历不可以太丰富，这位咨询者是典型的跳槽盲——工作了 4-5 年，实际上换了 5 份工作，工作时间都没有超过 1 年。所以这部分的内容，我没办法帮她设计。不过可以把工作经历简化为 2 个，延长工作时间。这也是我最担心的地方。简历可以设计——尽量体现自己的优势，尽量做到滴水不漏。但是具体你通过过去的工作经历积累了多少工作的基本技能、职业技能以及行业经验等，这些是没法设计的，而且具体到复试、部门负责人、决策人通过具体沟通就知道你有多少斤两、你的简历有多少水分。

在这里，需要注意，你的工作经历一定要“合理”。

例如，这个咨询者开始的简历中，说自己做过产品部经理助理和总经理助理。后来我要她改成——产品助理和销售助理。这样就合理了，因为前面说自己是总经理助理去应聘一个销售助理——这就不合理。另外招聘方一定会问换工作的原因。你一定需要事先准备如何回答才合情合理。

（4）教育经历

这个比较简单，主要是填写自己的大学经历和其他学习经历，现在企业一般的招聘起步学历都是大学专科、本科学历。

不过，有些民营企业的岗位对学历不会太重视，尤其是销售类的工作岗位。

需要注意的是学历不是越高越好。这需要和应聘的工作岗位去匹配。如果你的学历太高而去应聘相应的需要低学历的岗位。通常对方都会把你筛选掉。因为你与招聘岗位不相称。如果招你进来，你的收入和其他人收入差不多，但是你自己的心理会有波动。

另外、大家都是一个学历，唯独你是高学历，这样会影响你的融入……所以，学历也需要和应聘的岗位相匹配，即不能太高也不能太低。当然对于应届毕业生，没有工作经验，所以教育经历会显得更重要。

（5）基本资料和联系方式

姓名、年龄、性别、婚姻状况等。

电话、QQ 等联系方式尽量醒目一些。

一般来说，招聘方看完你的简历觉得比较适合的话就会和你联系。所以联系方式一定要正确并醒目。这样对方可以第一时间和你联系。

第二天，她拿着我指导她设计后的简历，直接去了那个公司的人力资源部。

人力资源部很快就安排她和销售部负责人及决策人面谈。

正如我所担心的，这个负责人根本不看简历，要她复述自己的简历。

不过，她的应变能力不错。后来经过沟通，她觉得这个地方的待遇太低（一般底薪是 2500 元，这里只有 2000 元），而且离她住的地方比较远（她住在市区，那个公司比较偏远）。

相比之下，另外在市区有个熟人一直要她去做销售助理，底薪是 2500 元。所以她决定选择在市区工作。由于她之前的期望比较高，所以应聘后有点失望。

不过，她觉得我设计的简历确实很有效（因为她之前在这个公司投过简历，但是都没有音讯，而这次仅仅凭借两张纸的简历就获得了直接复试的机会）。

最后，你可以把下面这份简历模板保存为自己的 Word 文档并进行适当修改。

求职简历

1. 求职岗位：姓名：手机号码：

2. 针对（求职岗位）你有如下优势：

◆经验优势：

◆性格优势：

◇

◇

◇

◆家庭优势：

◆外形优势：

◆其他优势：

3. 我的工作经历——需要体现你的求职岗位优势：可补充——不可以跳槽频繁。

①

②

③

4. 我的学习经历——辅助求职：

①

②

5. 我的基本资料：

① 姓名：性别：年龄：　学历：

② 婚姻：　现居住地：

③ 联系手机号码：QQ 邮箱：

备注：个人自传（附件）

途迷职返

简历要吸引招聘方的眼球，好的简历要有以下三大特点：
其一，要简单，简历顾名思义是简单的经历，所以简历一两张纸就可以不要太复杂——太复杂，招聘方都没有耐心看；如果加上个人自传，不要超过 4 页；
其二，明确应聘岗位，而且应聘岗位需要唯一（如果你有多个求职意向，就需要做多份简历）；
其三，一定要突出自己相对于应聘岗位的优势。好的简历犹如一张精致的名片，招聘方只会记住那些能给他们留下深刻印象的名片，给这类应聘者面试机会。

4. 求职途径依赖症：这是最好也是最坏的时代

在求职之前，如果你已经做好了求职定位、做好了简历的设计，那么接下来，我们就要弄清楚如何去找工作，通过什么路径去找工作。

★ 多种求职途径助你获得面试机会

说到求职途径，不得不说，我们现在所处的是最好的也是最坏的时代。

好的是，科技的昌明，互联网技术的普及让求职有了更多的途径，过程变得越来越简单，这无疑给了求职者更多的机遇；坏的是，互联网的开放性让求职大军如潮水般涌来，竞争加剧，这就要求我们在提升自身实力的同时，找到适合自己的求职途径，才能事半功倍。

如果你正在求职，你需要去尝试以下 6 种求职途径（见表 3-7）：

表 3-7　6 种求职途径

6 种求职途径	
途径 1	通过互联网求职
途径 2	通过招聘会求职
途径 3	通过中介去求职
途径 4	通过传媒去求职
途径 5	通过转介绍求职
途径 6	单刀直入的求职

具体来说：

（1）通过互联网求职

随着互联网的应用普及，很多企业都会通过网络去招聘人才。

我曾经在一家软件工作做职业经理人时，该公司就是和一个专业招聘网合作，每年给对方支付 3000 多元费用。这样，公司就可以随时在招聘网上发布招聘信息。公司通过收集招聘信息，做初步的筛选，然后通知应聘者进行初试、复试。这样，即使公司人员有流动，也不会影响公司的正常运营。

所以，求职者可以去专业的人才招聘网注册，并免费发布自己的应聘信息。

为了增加你求职成功的概率，你可以尽量多地去多家招聘网注册并发布信息（你可以在百度搜一下招聘网站，就可以搜到很多专业的人才招聘网）。

由于网络招聘的企业主要是一些比较好的企业，所以要求相对来说比较高。另外，通过网络求职的人很多。所以，通过网络求职成功率比较低，而且比较被动，一般情况，投简历后，你只能等待。

另外，还有一些生活服务性的网站也会提供招聘信息，例如赶集网、百姓网、58 同城等。你也可以在上面去发布求职简历。

（2）通过招聘会求职

招聘会有很多，你只要关注当地的招聘，一般每周都会有大型的招聘会（你可以在百度搜当地城市名 + 招聘会，例如你在上海，搜上海招聘会就可以搜到什么时间、什么地点、举办什么类型的招聘会），你就可以拿着设计好的简历去招聘会现场求职。

由于招聘现场一般都是人力资源部的人去招聘；另外，招聘现场人比较多、环境吵闹，所以招聘公司一般是通过招聘会去收集简历，而不会在招聘现场做深入洽谈并录用。

招聘公司收集完简历回去后，他们会做初步筛选，然后通知比较合适的人来面试。所以一般情况，在招聘会投了简历后，也需要等待。当然有些小规模的公司，经理或老板会亲临招聘现场招聘，这样有可能当场决定是否聘用你。

（3）通过中介去求职

职业中介、猎头公司等中介是求职者和用人单位之间的桥梁。

中介一般拥有很多用人单位的招聘信息，他们可以帮助用人单位找合适的人；同时，他们也拥有很多求职者的信息，可以帮助求职者找工作。中介在满足双方需求的同时赚取中介费。所以找这些公司求职，一般需要求职者提供自己的简历并和这些公司签订合作协议，然后等待这些公司通知面试机会，如果面试成功需要根据合作协议支付中介费。如果没有面试通过，还要继续等机会。

（4）通过传媒去求职

虽然网络招聘比较火，但是通过传统的媒体（报纸、杂志或专业的招聘期刊）去投放招聘广告去招聘也是招聘公司的选择之一。

你可以先购买这方面的刊物，然后做初步筛选，再去投求职简历或者直接与招聘单位联系（一般招聘方都会备注——只发简历，谢绝上门）。因为招聘方只是通过招聘广告收集求职者的资料，然后做筛选、通知求职者集中面试——如果你冒昧地去上门，很容易被拒之门外。所以你投完简历之后，还得等待。

（5）通过转介绍求职

现在有很多公司都会通过内部员工推荐，或者通过其他熟人介绍招人。

一是比较可靠，二是成本很低（前面的通过网络招聘、通过招聘会、通过中介公司、打招聘广告都需要支付一定的招聘费用）。

所以如果求职目标是某公司，而你身边有熟人在这个公司，或者有熟人和这个公司的内部人熟悉，那么你就可以通过这种渠道去求职——让这些熟人介绍我们去面试。

因为熟人引荐有一定的信赖度，只要你可以胜任相应的工作，一般都会被录用，而且很快就可以上岗。

例如，我毕业时的第一份工作是我的班主任引荐的，我就直接去面试了，结果第二天就去上班了；我爱人现在的工作也是5年前她的一个熟人介绍的，也是很快就上岗了。

所以，这种求职方式成功率比较高，而且不需要太多的等待。

需要注意的是，有很多通过熟人介绍找到了工作的人都容易犯一个错误，就是自己没有求职方向，熟人介绍什么工作，他们就去做什么工作，结果自己做得很不开心。

所以，求职之前先要做职业定位。你需要根据自己的目标去找工作。

我们需要先有求职目标，然后才是找什么样的求职途径去实现求职目标——获得求职成功。

（6）单刀直入的求职

如果你知道某公司在招聘（招聘岗位要适合我们），你可以拿着求职简历直接去找招聘公司具体的决策人毛遂自荐，这种方式通常会获得奇效。

因为毛遂自荐需要勇气和自信，同时也表示你做事积极主动。

招聘方（尤其是老板）都喜欢这样的人。

刚毕业后不久，我直接找到一个电脑公司的老总面试，结果沟通了几分钟，他就决定让我第二天去公司报到。

不过，这种方式一般只适合中小型的私营企业。

求职的途径有这么多种，也许你会问哪种最好呢？

求职途径本身无所谓好坏，它只是一种途径而已。

只是，每个人的性格、经验和能力都不一样，我们可以选择适合自己的某一种或几种途径。

迷途职返

最好的途径就是先要做好充分的准备——做准确的求职定位，即你具体要找什么样的工作；还要设计好自己的简历。然后根据自己的求职目标去搜索——在当地，在哪些行业、哪些公司有适合自己的招聘机会，选定几个目标公司，然后运用所有的途径去尝试。这样，求职成功的机会会很大。

5. 面试印象，既要“颜值”又要“言值”

整洁清爽的外貌不仅能赢得他人的青睐，还能吸引招聘者的目光，你的一言一行都会被对方看在眼里，记在心中，这是考验你的另一道关卡。

某次培训课上，学员问起面试前要做哪些准备，我告诉他们：得选一套既适合职场，又能展现你气质的衣服，想好要说的话，可以在家里模拟面试的场景，猜想 HR 会提的问题等，当然，还得注意自己在面试过程中的行为，例如，将简历递给 HR 的时候用双手、拖动凳子要轻拿轻放、走路不能发出过大的声响、站如松、坐如钟……

面试的过程中，对方关注的是细节，是你的精神状态和心理素质，如果招聘者想了解你，通过简历就可以做到，何必这么麻烦呢？

既然花时间进行面试，自有招聘者的道理，面试如同相亲，你留给企业的第一印象好，你被录用的机会就增加了许多。

★ 你的形象需要设计

大家都说不要以貌取人，可是，大多数人都喜欢以貌取人。给招聘方留下好的第一印象非常重要。你的形象也需要进行设计。

你可以从如下几个方面去准备（见表 3-8）。

表 3–8　形象设计的几个方面（示例）

形象设计的几个方面（示例）	
示例	要点
你的头发是否在面试前洗过	男生的头发不可以太长，女生的长头发最好扎起来
你的服装是否职业、是否整洁	男生夏天最好穿干净整洁的衬衫、西裤，春秋冬尽量穿西服打领带，女生尽量穿职业套裙
你的脸是否打理过	男生要刮胡须，女生要适当化妆
其他方面	你的鞋子是否擦过、你的手指甲是否修剪过、你是否保持口气清新

总之，你要通过形象设计给面试官一个好的第一印象，这样就会增加面试成功的机会，千万不要让面试官看到你第一眼就不喜欢你、讨厌你。否则即使你能够胜任工作岗位，对方也不会给你机会——面试官不会招聘一个不喜欢的人、更不会招一个自己讨厌的人。

那么，为了这一次见面，你到底做好哪些准备呢？

（1）注重外形，增加职场气息

试想一下，当你准备和心仪的对象约会，一定会花上好长时间选择“行头”，总希望给对方留下美好的印象。

面试前，你同样应该为自己挑选一身合适的服装，我的建议是：职场服装应当简洁、得体，不要过于休闲，也不能太花哨，最好让对方一眼看出，你就是来工作的。

我们对一个人的认识，通常从对方的外形开始。例如，他蓬头垢面，也没刮胡子，说明他没有积极的生活态度，也非常懒散。如果看到一个非常精致的姑娘，说明她很热爱生活，也懂得打理自己。

招聘方也会分析你的穿着，从而判断你的性格特征。职场需要干练的人，不要穿层次太多的衣服，会显得很累赘，大方、优雅的打扮更容易受到对方的欢迎。

（2）斟酌每一句话、每一个动作，不输在细节

招聘方对你的印象，不只包括外在形象，还包括很多小细节。例如，你的言行举止也非常重要，当你与心爱的姑娘约会，肯定要收起平时和老爷们儿一起常说的脏字，要懂得体贴对方，例如，为她切好牛排、把椅子拉出来、为他开车门，等等，这些细节都会被对方记在心里，成为衡量你是否优秀的重要因素。

同理，在面试的过程中，你也应当斟酌自己所要说的话和每一个动作，进去后别大摇大摆地坐下来，而是先和各位面试官打招呼，得到允许后再坐下，说话得有条理性，别东一句西一句，弄得“听众们”一头雾水。

当然，你的动作也会被HR们收入眼中，我就看到过不少求职者将椅子拖得“哗哗响”，走路时的脚步声很重，在门口等候的时候大声喧哗……这些都会影响你在招聘者心中的印象分。

迷途职返

细节往往就是决定成败的关键，在面试之前思考清楚：你到底要以什么样的形象面对招聘者，千万不要输在细节。

6．别让人生中最美好的签约败给了感伤

如果前面几步都进行得很顺利，那么，恭喜你很有可能顺利与心仪的企业签约。

签约后，你不仅要主动投入新的工作环境，还要积极自我调节，以最好的心态迎接崭新的时刻。

我曾接到一个咨询者的电话："段老师，我都辞职两个多月了，还没找到工作。"接着，他开始和我说为什么要辞职，又为什么到现在还没有上班……不外乎觉得之前的老板太难沟通，薪水也低，想找一份环境比较轻松的工作，当然，薪水是绝不能比之前少的。

我建议他拓宽求职渠道，信息量大了，找工作自然容易得多。

大约两周后，他去了某通讯公司上班，至于各方面条件，用他的话说："还凑合"。

找到工作后，这位咨询者又开始纠结了，他同我说："段老师，我原本要上班了，心情应当是挺好的，但是我因为特别矛盾，又被一个企业困住了，肯定还有比这份工作更好的差事，但是和我无缘了。"

我想，有这种念头的人肯定不在少数，人性的弱点决定我们的心总是贪婪的，总会在拥有了一棵大树后开始惦念整个森林，如果你的表现过于明显，你的上司、同时很可能看得出来，这种消极情绪会影响对方，也影响你今后的工作。

★ 掌握住现在，看得见未来

闯过求职面试关，顺利签约，可以说是一件幸运且幸福的事。

不必感伤失去，签约意味新的开始。

你现在要做的是聚集正能量，赶走一系列可能影响你今后工作的不良情绪。

（1）已选择的企业就是现在“最好的”

签约后的你很可能觉得自己被牢牢绑住了（而目前的工作似乎又不是最好、最心仪的一个），不能再选择其他“大树”。如果这种心态被招聘方知道了，对方肯定会特别生气：“我的企业不好吗？为什么选择了我还在留恋别人？”

其实，你也被这种情绪折磨得够呛，想要尽快积累正能量，你不妨将选择的企业看成“最好的”。

多关注企业优势，多看看它为你提供的平台，少关注薪水，多看看优质的环境，少计较严格的制度。就算眼前的企业不是最好、最心仪的，刚起步的你也应该沉淀下来，用心学习，给未来的自己充电。

（2）他人的议论都是浮云

当你进入企业工作后，不免会听到身边人的议论：“哎，你们看他在这个公司上班，听说薪水很少，根本比不上……供职的 B 企业。”

谁听到这些话都会很难受，不仅因为自己的薪水不如别人，而且被人家当成反面例子来比较，爱八卦的人处处有，用一颗平常心面对就可以了，别太在意，将更多目光盯着眼前的工作。

我想到一句歌词：“就算世界与我为敌，我都会特别喜欢你！”不妨用这样的心态面对工作，别人说你不好，我偏偏要在这里做出成绩，才是积极的工作态度。

其实，往往很多人都是在别人的议论下才产生“失去整片森林的伤感”，你不能把耳朵堵起来，也无法让他们闭嘴，但是你可以掌控自己的心，将杂念烦恼抛到九霄云外。

（3）规划你的未来

愚者往往是从不安的现在看未来，而智者则是从未来（几年后）看现在。

求职面试成功，并不意味着就可以驻足停留，停滞不前。

除了各种短线计划外，你想过自己未来几年甚至更长时间的规划吗？

以终为始，把几年后你想要到达的那个点定下来，反过来思考现在要做的事情。

例如 2010 年至 2017 年，根据文化、社会、职业的发展，你可以写下一些你关心的内容，或者一些关键词。

2017 年的关键词会是什么？融合平台化运作、物联网……

你会发现万物都在变化，没有永驻的事物。

有规划意识的人会本能地把长短线计划都安排好。

记住，你要么囚禁在过去，要么把握住现在。最好的选择是从过去吸取经验教训，把握好现在活在当下，同时还需要展望未来。

求职面试是每个人在生涯征战的必经之路，只有通过自己精心的准备，才可以顺利通过这一关，才可以开始人生职业生涯的征战！

职业起步，
关键是要做好规划，
预防职业迷茫，
避免盲目行动，
远离职业盲点。
要努力做更好的自己，
莫在恶性循环中自我拉扯。

当你求职成功进入职场后，一定希望自己可以远离职业盲点，更接近成功。

人生是漫长的，职业生涯也要经历一段漫长的时光。每个人在职业生涯的不同阶段，都会或多或少地遇到职业盲点。如若不能扫除盲区，很可能在后期走更多弯路，离成功渐行渐远。

我结合多年的咨询实践以及自己二十余年的职业历练，总结出了职业生涯不同阶段的职业盲点。让你在逐梦路上避免重蹈覆辙、让你少走弯路，这样就会更接近成功。

1. 职业前期，总有一些盲点是你发现不了的

在职业前期，因为阅历的限度，所以会有很多盲点。首先是正确认知。

★ 职业前期的正确认知

何为职业？

职业就是有收入的合法工作。

职业有两个必要条件：一是要有收入（就业是企业主给收入，创业是自己给自己收入），二是要合法（所以正式工作都需要签订劳动合同）。只要缺少任何一个条件就不是职业。

例如，非法有收入的工作——贩毒、走私、绑架、抢劫、偷盗等不属于职业；合法没有收入的工作——做义工、做家务、学生学习、免费咨询、自

愿在知乎回答问题、业余写作（写日志、发微博、发微信）等都不属于职业范畴。

有些工作当下没有收入，但是可以作为职业的前奏。

例如，雷殿生[①] 徒步十年的精神可嘉，感动了很多人。但是徒步是一种旅行，也是一种休闲。对于他来说是梦想。不过徒步的过程没有产生收入而且还在不断消费。虽然也有一些“收入”，她徒步途中获得了很多人的捐赠，但雷殿生徒步十年不是职业。不过雷殿生十年徒步中国对他未来的职业有非常积极地影响，那就是他徒步十年后，他出版了《十年徒步中国》《31天穿越罗布泊》，所以雷殿生的徒步可以作为职业的前奏。

◆何为职业生涯规划？

规是规律，划是计划——规划就是按照事情发展的规律去做计划。

职业生涯规划就是根据职业发展的规律对职业生涯进行计划。

◆职业生涯规划要趁早——越早越好。

治疗疾病的最高境界是治未病——在疾病形成之前预防疾病。

职业也一样，预防职业迷茫胜于远离迷茫，尽早规划可以预防迷茫。

很多人因为刚入社会，不清楚迷茫的痛苦，所以没有意识到职业生涯规划的重要性。等经历过了、迷茫过了才知道业生涯规划是多么的重要！

如果你高中毕业之前做了规划，那么你就会选对专业、学好专业 ——

① 雷殿生，男，1963年12月11日出生，黑龙江哈尔滨呼兰人。十年徒步中国，代表作《十年徒步中国》等。

为职业起步做好充分准备；

如果你大学毕业之前做了规划，那么你就会有一个正确的职业起步；

如果你从现在开始规划，那么你可以赢在转折点……

如果你尽早规划：

一是可以对你过去的职业进行职业诊断——助你避免征战途中的陷阱；

二是对你现在的职业进行定位——让你清楚，你需要从什么地方开始去征战，即出发点；

三是对你未来的职业进行定向——让你清楚你要向哪里去征战，明确征战的方向，即目的地。

四是在你现在和未来之间可以设定征战路标——让你进一步清晰征战的路线。

这样你就会朝着职业方向不断前进。即使你的能力有限，但是只要有方向了，你每一天都可以朝目标更进一步。

有一句话说得好："有方向了，就不怕路远"。

不要以为，等你职业出现困惑了、迷茫了找职业生涯规划师就可以帮你解决你所有问题。

其实职业生涯规划的关键是预防职业迷茫——医术的最高境界是防患于未然。

如果你怕迷茫就要尽早规划！不要拖，小病拖着拖着可能会成为不治之病！

人生有限，一步错有可能导致步步错。

例如，你专业选错了，就有可能不好好上大学，那么有可能影响正常毕业。当毕业了，因为没有好好学，缺乏专业基础、没有就业资本，就业就困难。有的人这个时候，选择先就业再择业，结果想换职业的时候，招聘方首先看你的工作经验，结果你不得不继续先就业……这样就会陷入恶性循环。

俗话说：好的开始是成功的一半。

合理的规划可以使你赢在起点，让你的职业生涯事半功倍；合理的职业生涯路——第一步是第二步的垫脚石，第二步是第三步的垫脚石，以此类推，每一步都是在前一步的基础上步步高升或前行（过程中也会有曲折和起伏，但是总体的趋势是向前的）。这样的职业生涯就容易通过不断积累达到职业高峰。而没有规划会让你到处乱闯——盲目试错、盲目跳槽，这会让你最终撞得头破血流、精疲力竭！

★ 职业前期的错误认知

（1）没必要规划或希望免费去规划

没必要规划的人觉得一切顺其自然、相信船到桥头自然直，觉得世界变化太快——计划赶不上变化。

但事实上，如果你过去没有规划，那么你现在混得一定不太好；

如果你现在还不规划，那么你未来的生活也会不太好。

如果你总是想免费得到，这本身就是一种不良的不劳而获的心态——如果你持续这样的心态，你的人生未来不会变得更好，只会变得更差。

唯有通过自己的努力付出得到的，才会显得有价值。

（2）缺乏交换意识

具体表现为“我自己去摸索或不愿意花钱去规划”。这类人宁可自己去摸索也不愿为自己的职业生涯花一分钱。

这是一种错误的认知。道理很简单，我们自己不会织布、做衣服，我们就会花钱去买；自己生病了不会治疗，就会花钱看病。难道因为自己不会就需要自己什么都会吗？更何况自己去探索如何做职业生涯规划不是一两天的事情。

我从涉足职业生涯规划到做收费咨询，花了近3年的时间。我愿意投入时间、精力和金钱。是因为我的志向是成为一名优秀的职业生涯规划师。如果你没有这样的志向，自己去摸索，一是很难摸索出来，二是你没有做正确的事情。

人的时间和生命都是有限的，我们只需要专注我们的职业方向、做与方向一致的事情。其他的事情都可以通过“交换”让别人替我们解决。

我们生活在一个群体当中，我们不仅需要别人，别人也需要我们。我们只需要做好自己的核心工作、形成自己的核心职业能力。这样经营人生的方式才是正确的、合理的。

你现在不愿意花钱去规划，那么你就会像《自序》中那位河南的咨询者一样损失很多钱，而且还会浪费很多时间和精力。

（3）过度规划、希望一步到位

在咨询中经常会遇到一些完美主义者，他们希望我帮他们把职业生涯未来的几十年都清晰地规划出来。

松下幸之助在逝世前为松下制定了250年的企业规划，但实施规划不到5年，就没法继续。因为即使成功者也无法预知未来。

未来是变化的，而且我们自己也在不断变化。做职业生涯规划不要过于追求完美。从长远来说，我们只要一个方向即你的志向、理想或梦想。

更重要的是，你要在方向确定的基础上，去设定具体的目标，并在行动的过程中不断去调整、总结。

卡耐基有一句至理名言：去解决近在眼前的挑战、不要把眼光抛向最高的工作，而是抛向下一件事情。

所以没必要规划和过度规划都是不合理的。

★ 我们容易陷入的盲区——通过 3 个案例来展现

案例① 轻易放弃 VS 坚持到底的梦想

有一位来自上海的咨询者，她自小就热爱艺术，喜欢唱歌跳舞。现在 32 岁，但是一直在利用业余时间练习音乐和舞蹈；她从小就一直梦想自己成为像蔡依林一样的歌舞者！

初中的时候，她考进了上海市少年宫合唱团，成了小伙伴艺术团的成员，参加过东方电视台的演出，也进录音棚录过少儿合唱磁带。

初中期间，她仅学了一年钢琴，考过了 4 级；一般人学 5 ～ 6 年，可能就考过 5 级；大家都说这么快考过了 4 级是个奇迹。

在上大学的时候，她一直参加唱歌比赛舞蹈表演，在学校内小有名气……

但是因为父母的坚决反对，她大学的志愿没有选择艺术类的专业；被迫读了口腔医学专业。她说：“五年的实习对我来说是痛苦的，整天面对病人和手术，让我更坚定了改行的决心。”但又是父母的坚持反对，让她选择进入学院内部从事医学杂志的编辑工作；毕业后她曾经谈过 3 次恋爱，每次都因为父母的强烈反对而放弃，最终通过一档相亲节目认识了现在的老公……

因为过度压抑，她内心排斥编辑工作，一直都想辞职。

但父母、老公都反对，于是悲剧发生了——她在工作6年后得了抑郁症！

虽然通过长时间的治疗、调养和恢复，她目前已经好了，但是她现在的身体状况很差，目前，她只是在做一些兼职。

暂且不论父母行为的对错。作为成年人，应该有独立的人格，该坚持的一定不要放弃。

记得前不久在《中国梦想秀》节目中还看到过这样一个例子。

有一位出身农村的孩子，他从小就酷爱画画，但是父母一直反对。因为家里条件差，他高中毕业后去建筑工地做苦力活，但是他从来都没有放弃自己的梦想，一直利用业余时间画画（他从来没有去找人学过画画）。于是他带着自己的梦想来到了节目——他的梦想是去世界四大美术学院之一的俄罗斯列宾学院学画画。

没有人知道他最终会不会去俄罗斯学习，但是在《中国梦想秀》现场，有一位来自中国美术学院的系主任现场看了他的画之后，主动收他为徒！

另外，节目组帮助他把父母接到现场，父母终于表示支持儿子学画画。这位年仅20岁的小伙子是很多年轻人的榜样——在父母的反对中坚持自己，坚持梦想！

我相信，他的梦想一定会实现！

案例② 残酷的现实：小语种专业易受限

有位来自郑州的咨询者，她的情况比较特殊，高中读了5年，大学又读了5年——大专读了2年，又去韩国专升本读了3年。她选的专业是国际贸易，但她大学期间基本都是玩过来的——没学到什么。普通人基本是22岁毕业，而她一毕业就26岁了。

值得庆幸的是，她在韩国读书三年，韩语还不错，相当于学了一门外语——不过韩语是个小语种。

仅仅会一门小语种，要想在职业上取得大的发展是很难的，因为语言本身只是交流的工具，对职业起辅助作用。

如果直接从事和语种有关的工作，例如做翻译或老师，因为语种小，市场小，职业发展的空间也很有限。

所以，如果你是学语言专业的（尤其是小语种），最好选修一门别的专业。这样，你可以把语言和其他专业结合起来。这样你的职业更容易发展。当然选修的专业也需要和这个语种有相关性（具体如何选择需要根据自己的情况进行个性化的分析）。

我还建议，不要选择小语种作为自己的主修专业，而应该做辅修专业。而具体是否要选修小语种及选修什么小语种专业，需要根据自己的职业发展方向去选择。

例如，你想去韩国留学或移民韩国，你就可以选修韩语。 如果你在国内发展，如果仅仅会小语种，例如会韩语，因为市场小、需求小，职业发展就会受限。

例如郑州的这位咨询者，她对韩国化妆非常感兴趣，她想直接进入韩资或中韩合资的相关企业，但是她在郑州没了解到有这样的企业。

另外，即使你选择的是英语专业，如果你不是去做与语言直接相关的职业，例如做翻译或教学等，也建议你选修一门别的专业。这样你可以结合英语专业和你的选修专业进入外企，如果仅仅会英语，进入外企就会缺乏专业基础。

案例③ 过于依赖他人

有一位来自山东的咨询者，他本科毕业，因为是二本，觉得学校不行就选择了考研，研究生对应的学校是他哥哥就读的学校，研究生导师是他哥哥的导师——他自己说他哥哥跟这个导师关系比较熟就跟了这个导师，导致他研究生专业与他本科专业没什么关系。不仅如此，他自己还不喜欢这个专业。他学的是信息管理、导师偏向编程，结果却一直混到了研究生毕业——这期间他竟然没编过一个程序。

因为在北京读书，毕业后，父母帮他在北京找了一个做管理培训的公司做服务类的工作。工作了一段时间后，觉得没什么成长。刚好父辈在山东创业。于是他从北京回到山东帮助父辈创业——做了 1 年多生产管理，父辈创业的公司目前在等融资、没什么事做。家里人又帮他找了一个招商的工作在做……

专业学了 7 年，工作了 2 年，他现在已经 27 岁了——从来没正式地找过一份工作。

在咨询中，他还指望我帮他选定行业。

我的回复是“我可以帮你分析和建议。最终职业需要你自己做选择，人生是你的，你需要自己做决定”。

在我看来，这位咨询者现在还没有“断奶”。

在我做咨询的几年里，我自己设计了一份咨询资料——“了解你的经历”。在工作经历当中有一栏“为什么选择这份工作”。

很多咨询者都填写类似的一些答案，如父母找的、朋友介绍、父母安排的、学校介绍的……反正不是他们自己主动选择的。

这些咨询者，他们目前也还没有真正“断奶”。

★ 人生是自己的且只有一次

人生只有一次，最终我们都需要为自己的人生负责——父母不能负责、朋友不能负责、领导不能负责、其他任何人都不能为你负责。

人生是你自己的，你需要为你自己的人生负责。

我非常喜欢一句话“主动选择是一种豪气、一种责任、一种高层次的宁静，这种人生才是真正活过的人生”。

我们没办法选择出生，但是我们可以主动选择自己的人生。

我们没办法改变手中抓到的牌，但是我们可以主动选择如何出牌。

我们主动选择幸福生活，幸福就会相随；我们被动选择痛苦活着，痛苦就会相伴。

我们不要被动承受生活的惯性而随波逐流、也不要成为一颗棋子任由别人摆布。

因为人生的遥控器在我们的手心。我们要主动选择让生命更完美、让人生更精彩。

真正断奶的时候就是你开始主动选择、主动掌控自己人生的那一刻。如果你还在被动等待、被动接受或承受、被动选择，那么你就要好好想想——你准备何时断奶、远离盲区？

职业前期需要你全面去准备，这样你的职业起步才会有一个很好的基础，即你可以赢在起跑线上。

2. 刚起步走了这么多弯路，你还想成功

刚起步就陷入职业盲区，成功就越来越难。接下来你要做的就是：扫盲。本节我们就来具体谈谈如何扫除那些阻碍你发展的盲点。

★ 好的开始是成功的一半，少走弯路更接近成功

盲点① 赚钱是第一目标

扫盲：不要把赚钱当成第一目标。

每个人都清楚工作的目的不只是赚钱，但因为职业起步的时候很缺钱，所以你选择职业的时候往往却特别看重钱。

接下来，我给大家分享 3 个咨询案例：

- 为了钱，他远在他乡。

有位咨询者在孟加拉国工作，武汉人，他学的是英语专业，本科毕业后觉得武汉的工资水平低，他就去了沿海城市，并且主动要求去国外做业务，因为国外的起薪高。

其实，他也知道自己的亲人、朋友等基本上都在武汉，自己迟早要回武汉，也一直想回来。但是，他犹豫不决的是回来后，工资会落差很大，另外，他想在外地再工作几年攒购房首付款，然后再回武汉。

- 为了钱，他深陷困境。

有一位咨询者之前在常德工作——专业对口，岗位也适合自己。但他觉

得收入太低，就去了广州。结果在广州名义上是做保健品业务，其实是做非法集资，2-3 年赚了近 20 万元。

不过，他觉得公司不行就撤出来了。因为非法集资要想赚到钱必须得让其他人投钱，通常像非法传销一样骗亲戚朋友的钱，自己虽赚到一些钱，但亏欠了亲戚朋友。而之前的职业技能中断了 2-3 年。导致他现在非常困惑，用他自己的话说，都不想活了。

- 为了钱，他放弃了爱好。

他喜欢摄影、大学学的摄影，毕业后也是在做摄影相关的工作——但是，他看到他的同学们混得都比他好（主要是工资比他高）。结果他放弃了兴趣爱好，选择了工资更高的工作。刚开始，工资确实比他做摄影时的工资高，但是数年后工资没多大提升，更严重的是不喜欢目前的工作。辗转 4-5 年，换了好几次工作。咨询后，很庆幸的是，他又重新回到他喜欢的摄影行业。如果当初在摄影行业去积累 4-5 年。我相信他的收入会比现在高很多，更重要的是——他会快乐工作、享受工作的过程。

上面只是我咨询中的几个案例。

在现实生活中，还有很多为钱工作的人。

例如，当官的为了贪污金钱导致自己蹲监狱；贪财的为了钱去走私、贩毒、抢劫等，有的人为了赚钱忙的顾不上家——自己成功了，孩子却沉沦了、家庭破裂了；有的人为了钱拼命工作结果身患绝症；还有的为了钱出卖自己的朋友……

尽量选择工资高的工作或有赚钱的欲望本身没有错，但如果把赚钱作为工作的唯一目的，那真的错了。如果出发点错了，即使你通过努力工作拥有了很多钱，也不会感到心安、也会觉得没有意义。

那么工作与钱之间是什么样的关系呢？

曾经在《读者》的言论中看到万通董事长冯仑说过一段话：我研究过很多赚了钱的人，发现这些人实际上是追求理想、顺便赚钱的人。但他们顺便赚的钱比那些追求金钱、顺便探讨理想的人赚得要多得多！所以我们千万不要仅仅为了钱去工作，而要为理想、志向去工作。这样我们不仅可以赚到钱、还可以赚到快乐和充实。

在我看来，钱是追求理想的奖赏，工作和钱是过程和结果的关系。没有过程就没有结果，即不工作就不会有收入。例如，家庭主妇和失业的人。所以你要想通过工作获得更多钱的前提就是要把工作做得更好、产生更好的结果。另外，工作的结果除了钱，还有职位的升迁、自身素质和能力的提升、人际关系的改善、工作环境的改变等。所以，钱只是工作的目的之一而不是工作的全部。

盲点② 工作就是为了赚钱、混日子

扫盲：工作的真正目的有两个层面。

请思考下面几个问题（见表 4-1）。

表 4–1 思考题——工作的目的到底是什么

思考题——工作的目的到底是什么	
问题	分析
如果你很有钱，你还会选择工作吗	绝大多数答案是：如果我很有钱，我就不用再这么辛苦工作了
如果你不工作，你会选择怎样过日子	每个人的结果都会不尽相同。大部分人的答案是工作还是要做，只是不想做得那么累，不希望被迫去做一些自己不想做的事情，不喜欢被约束或者不希望只是为钱工作

续表

思考题——工作的目的到底是什么	
问题	分析
如果让你从今天开始休息，你会觉得怎么样	大部分人的答案是觉得很不错——终于可以好好休息一下，可以去旅游，可以享受亲子时光，可以做自己想做的事情
如果让你从今天开始到生命的结束都不工作，你会觉得怎么样	几乎所有的答案觉得不好：觉得一直不工作会和社会脱节，觉得自己的价值无法体现，会觉得自己没有用

工作的真正目的主要包含了两个层面：

一是从自身来说，不可以一直不工作——我们需要工作来体现自己的价值，证明自己的存在感、证明自己是有用的；

二是通过工作去获得某种结果——例如能力、金钱、权利和地位等。

获取这种结果的最终目的是为了生活更美好——不仅是让自己过得更好，还要让家人过得更好，如果你有实力，还要让身边的其他人过得更好或者说让这个社会更好。

对于个人来说，不要因为工作让自己的心灵不得安宁；不要因为工作损害自己的健康；不要因为工作而忘记了成长自己，不要因为工作伤害身边的人利益；不要因为工作而忽略了家庭和孩子的教育等。

盲点③ 养不活自己——可耻

扫盲：就算不把赚钱放在第一目标，也不能继续啃老。

虽然我们不要把赚钱放在第一目标，但是不努力赚钱养活自己是可耻的。

曾经看到一个新闻：武汉有一名博士生，刚毕业开始找工作时高不成低不就，后来干脆不找了，整天无所事事，在家啃老数年。

一个独立的人首先要学会经济独立——靠自己去养活自己，不要成为身边人的负担。

如果一个人成年了还要靠父母养着、还要找身边的人要。说句不好听的，这样的人还不如一个乞丐——乞丐是靠自己的辛苦乞讨养活自己。所以一个人该工作的时候，一定要走出去工作。通过工作养活自己，体现价值。另外，如果你连自己都养不活，你以后如何去赡养你的父母、养育你的孩子？

盲点④　放弃专业选职业——浪费

扫盲：不要放弃自己的专业去找工作。

据统计，有近 20% 的大学毕业生放弃了自己的专业去找工作，可能的原因有不喜欢自己的专业，没有学好自己的专业。

其实，专业和职业之间不是一对一的对应关系，专业是和行业有对应关系，一般是一对一或一对多的关系。而任何一个行业都包含了很多企业，并且每个企业都可以提供多个职业。所以即使你不喜欢自己的专业，你也可以在相应的行业里找到适合自己的、喜欢的职业。

盲点⑤　先就业后择业——陷阱

扫盲：千万不能先找个工作再说。

前些年，由于就业压力大，政府倡导大学毕业生“先就业再择业”。

有一位来自北京的咨询者也响应了“先就业后择业”的号召。毕业的时候，找工作没有方向，她想先找个工作再说。于是她就找了一个门店服务的工作（这份工作和她的专业没有相关性，也不是她喜欢的、通过我的职业诊断，她也不适合做这份工作）。虽然她坚持做了几个月。后来还是辞职了。

她感觉很迷茫，觉得“先就了业，也不好择业”。

她还是比较智慧，开始反思，如果再找到不适合自己的职业，也许会更迷茫。

于是通过网络找到了我并很快做了要咨询的决定。

她签约后用了不到一天的时间就填完了“咨询的资料”——这是我通过几百个咨询案例总结和设计出的一套咨询资料。第二天我进行了全面、深入的分析并约定了咨询时间（因为她急着找工作），第三天上午咨询了 3 个多小时，晚上咨询了两个多小时。我帮她系统地做了职业诊断、职业定位、职业定向的分析和指导。

相对来说，这位咨询者，她刚刚毕业不到一年，而且她有自己的兴趣爱好并培养了相应的职业能力，而且她的兴趣刚好和专业也有点相关性。所以要做职业转换还比较容易。

我在咨询中，遇到有的朋友，先就业再择业——越走越迷茫。这是为什么呢？

因为职业生涯的发展是一步一个台阶。

你第一步走错了，有可能导致步步错。

我曾经遇到一位不适合做销售的咨询者，大学也没好好学。找工作的时候也是“广撒网”。

相对来说，做销售的门槛比较低，于是，他进入了一个公司做销售。做了近一年，销售业绩很一般，于是他去了另一个城市找工作。结果因为他只有做销售的经验——在外地找工作的压力也比较大。于是又开始做销售，这样又做了一年多，感觉越来越迷茫。

也许你会想，他可以选择换一个工作。这个想法很好，但是招聘方招聘非应届毕业生，首先会看他曾经做过什么，有什么职业能力和经验。如果招聘新手——招聘方首选是招聘应届毕业生。所以要想换工作即重新择业非常困难！

盲点⑥ 初入职场太心急

扫盲：成长需要时间，给自己一点时间。

有一位来自江苏的咨询者，工作近两年，换过 3 份工作，每次都是主动辞职。

最近一次工作在一家世界 500 强的公司，工作了一年半，老板比较欣赏他，在开会中几次说要提拔他。但是后来因为公司的合并部门重组，他被调到另一个地方了，一切都是新的觉得很陌生，看公司没提拔的意思，他就辞职了！

我在咨询中问他——你们公司，从入职到做管理，平均需要多长时间？他说 3 年左右，可是他只做了 1 年半，另外他个人的职业理想是做职业经理人。有野心的人都希望做管理，可是做管理需要具备能力和实力，当然也需要经过时间的沉淀。

他离开这个公司，到另外一个公司，再工作 1 年半，估计也很难做管理。如果他不辞职，我相信他 1 年半后肯定可以做管理（一是他有做管理的意愿，二是 3 年的积累，他会具备一定的管理能力，而且他只做了 1 年半，老板就很器重他）。

另外，我在咨询过程中发现，有一些大学毕业生，他们学的是管理方面的专业，他们一毕业就想做管理。

试想一下，如果你是企业老板，你会让一个没有工作经验的毕业生做管理吗？当然不会。

所以，在职业初期，你要放下自己、让自己从最基础的工作开始，让自己在实践中去积累经验、沉淀智慧。当你不断地积累和沉淀，你就可以收获全方位的成长，当你成长到“不可替代”或者“很难替代”的时候。那么你就可以收获成功。

盲点⑦ 没有规划乱动——浮躁

扫盲：提前规划、尽早规划，少浪费时间。

有一位来自江苏的咨询者，（总公司在郑州，他被外派到江苏办事处工作）。他大学毕业后，工作近 1 年换了 4 份工作、涉及 4 个行业，而且做的是不同的工作——第一份是保险电话销售；第二份是维修手机；第三份是在工厂里面做普工，现在是在药店里面当营业员。

四份工作，最长的工作时间都不足 3 个月。

虽然通过两个晚上的咨询帮他厘清了职业的发展方向，但是在过去的 1 年中他走了不少弯路，浪费了不少时间和精力。

所以，职业起步的关键是提前规划、尽早规划，这样就可以预防职业迷茫的形成，避免盲目的行动，同时克制外在的诱惑、远离职业盲点。

预防职业迷茫、预防职业失败胜于远离迷茫和失败。

3. 盲目转折，殊不知看似华丽的诱惑都是纸老虎

职业转折的核心是跳槽，转折的盲点是盲目跳槽——盲目换城市、换行业、换企业、换岗位甚至换志向。

关于上述五点，我们在第二章已深入探讨过。

下面我们来探讨职业转折期的盲点，以避免盲目转折，被其他看似华丽的诱惑迷住了双眼。

★ 小心！那些看似华丽的诱惑，不过是你应该扫除的盲点

职业转折有两种方式。

一种是被辞退。被辞退的原因通常只有两种，一是职业态度不好，二是职业能力不行。只要端正你的职业态度、提升你的职业能力就可以避免被炒。另一种职业转折是主动辞职。主动辞职，一般容易出现以下两个盲点。

盲点① 轻易辞职

扫盲：别轻易裸辞，你没有太多时间去试错。

有一位北京的咨询者，在和我签约之后，向我咨询之前辞职了。

其实，她自己都有点不舍。因为她的工作表现不错，和同事、老板之间相处得也很好。她辞职，老板还尽力去挽留她。但是她因为迷茫、觉得目前的工作不是自己想要的，所以盲目地辞掉了工作。但咨询后，通过一系列评估，我发现她的性格非常适合从事她辞职前的工作岗位。

还有一位来自深圳的咨询者，她第一份职业是做外贸助理（她学的是英语专业），一直做了近两年，并且一直都做得很不错，但是她觉得继续做外贸助理没有什么成长，于是就裸辞了去做业务，结果做了近一个月业务，内心非常排斥、很不适应，不想继续做下去。

其实，她辞职前几个月就跟公司要求辞职，因为她做得不错，经理一直

在挽留她，并愿意帮她进行岗位转换。但是她最后还是选择了裸辞。

辞职时，人会面对两种现状：一是知道自己要去做什么；二是不清楚自己要去做什么；大多数人和上面两位咨询者一样，不知道要什么、要去做什么，只是感觉现在做的工作不是自己想要的，所以盲目辞职了（见图 4-1）。

图 4–1　“辞职”漫语

辞职之前迷茫，辞职之后，他们还是不知道自己要找什么样的工作、还是迷茫。于是，他们又盲目地去找工作，结果有可能找到的又不是自己想要的。如此，他们就会成为“职场单脚跳”——不断地跳槽、进入一种恶性循环。

然而，年龄却在不断增长，自己的职业却一直没有什么发展。很多人都清楚自己不要什么而不清楚自己想要什么，往往自己不要的有“N”个工作。据统计，我国目前一共约有 2 万种职业。如果你想通过试错的方式去找到自己的“理想”职业是很难的。即使通过试错找到了合适的职业，那只能说明你运气不错，非常幸运！

可别忘了，人的生命有限，我们没那么多时间去试错。所以，在不清楚自己到底要去做什么的情况下，最好是不要裸辞。尤其是目前社会就业压力非常大的情况下，如果不想做目前的职业，最好是在企业内部换岗——每个企业都会有多个岗位，通常都有适合自己的工作岗位。当然，要换岗之前，你先需要把目前的工作岗位做好，这样才容易换岗成功，如果你目前的工作岗位都做不好，通常老板不会让你换岗，除非这个老板非常懂得用人之道——把人放在正确的位置上。

像上面的两位咨询者，她们完全可以先在企业内部换岗。如果换到自己喜欢的岗位，通过学习实践具备了一些经验和能力后，再去换更好的工作平台，这样才是合理的。

另外，辞职之后，即使明确了自己喜欢的职业，如果没有相关的职业经验和基础，去找工作也比较难。因为对于招聘方来说，对方首先会看你做过什么、有什么经验和能力。因为招聘方一般都是“拿来主义”，即招聘你去工作就需要马上可以胜任、创造价值（当然，对于应届毕业生，有些招聘方会有意愿地去培养）。

所以，辞职跳槽之前，我们需要先明确自己要往哪里跳，还需要具备目标职业的一些基本条件。否则就可能会越跳越糟糕、越跳越迷茫！

也许炒老板鱿鱼会让同事羡慕或让他们觉得你很有魄力，但是如果你辞职后，几个月找不到工作，你会更加压力山大！

盲点② 因错误的理由辞职

扫盲：辞职的理由有对有错，慎思笃行。

有一位来自北京的咨询者，她刚从一个公司辞职后进入现在这个公司，现在又准备辞职。之前辞职的原因是公司偶尔要加班，不加班还要扣工资；现在想辞职是几乎每天都要加班（工作近 1 个月，只有 2 天是正常下班），而且上司对她要求很严格，感觉压力很大。她现在觉得之前的工作比现在轻松多了……

其实，每个公司都会有这样或那样的问题，尤其是民营企业，面对生存的压力（我国民营企业的平均寿命不到 3 年）。在这个法制社会还不健全的阶段，加班比较正常，效益好一点的企业可能会给你发加班工资。很多小规模的企业，加班可能不会给你加发工资。在这个就业形势严峻时代，有时候，我们需要去面对和适应——偶尔加班是正常的。当然，如果你确实不愿意加班，就可以选择离开，也许你有一天可以遇到一个完全不需要加班的企业录用你。所以，是否加班不是一个绝对的辞职理由。

上面的这位咨询者现在还面临上司对她严格要求的困惑。其实有一个对自己要求严格的上司是福气。尤其是在职业初期，俗话说严师出高徒！

职业初期最重要的是不断自我成长，有一个严格的上司可以促使我们进一步成长！所以，有严格的上司也不是辞职的理由。

辞职的理由有很多！

例如，有的人因业绩不佳辞职，请问你离开了这个公司业绩就一定会变好吗？业绩不佳的根本原因是个人的能力不行（除非，公司所有人的业绩不佳，如果真是这样，那么这个公司可能正面临倒闭）；有的人因人际关系不好辞职，请问你离开了去别的公司，你的人际关系就会好吗？人际不好是因为自己为人处世有问题，我们首先需要的是反省自己；有人因为工资而跳槽，通常工资和我们的能力成正比，如果我们的能力没有实质性的提升，我们的工资提升也会有限；那么什么才是我们辞职的理由呢？

每个人辞职，都会有一个或多个理由，就大多数人来说，辞职的理由本身没有对错，大多数情况下，我们辞职都会有很充足的理由。然而，从职业生涯规划的角度来说，辞职的理由有对有错，如果辞职有利于自己的职业发展，那就是对的，反之就是错的。

企业和人都在成长，如果人的成长速度超越了企业的成长速度，企业成长已经成为个人发展的瓶颈，那么我们可以通过辞职去获得更好的发展平台；如果我们的职业发展方向是向东，而目前所从事的职业没有和我们的职业发展一致，那么就可以通过辞职去与自己的职业发展保持一致。

另外，从人生全局来说，职业需要服务生活，如果辞职有利于更好的生活，那么辞职也是正确的，例如，因为职业的发展跟从自己爱人的脚步辞职去另外一个城市发展。

盲点③ 通过考证换工作

扫盲：职业资格证不是转换职业的唯一标准，你还要满足其他条件。

有一位咨询者学的是旅游专业，毕业后在移动做了两年的3G解说员，之来在一个小旅行社里工作了两年多。后来辞职了，由于找工作期望过高、定位太高，没找到合适的工作，于是去考了一个会计证，想通过考证转化岗位、转化职业。目前，她在一个医院做收银——尽管如此她还是感到迷茫。和我交流后，才明白仅仅考个会计证，很难让她成功换工作。因为任何公司不会聘用一个只有会计证而不是会计专业且没有任何经验的人。

近些年，有很多职业上岗都需要职业资格证，所以有很多人都会盲目去考职业资格证，职业资格证只是上岗的一个条件之一，可能还需要很多其他的条件，如果你要成功转换职业，你需要尽可能地去满足这些条件才容易转换成功。至于如何转换职业，请温习本书前面章节的内容！

无论如何，辞职要有利于我们的职业发展、有利于我们更好的生活，否则就没有必要去辞职。

4. 做更好的自己，莫在恶性循环中自我纠结

除了职业转折期的盲点，我们的职业心态也容易出现盲点。

有一位在日本留学的咨询者，她来自江西的一个普通家庭，不过，在我看来，她的经历并不普通。小学初中成绩不错，初中毕业考进了高中尖子班，在高中期间，她当了两年的班长。后来考上了当地的一所大学。读大学期间，她的生活也是丰富多彩，拿过一、二、三等奖学金。大一期间，她参加了校社联、戏剧社的礼仪队和主持队；大二，她当上了文体部部长；大三，她当了分管晚会的主席，并且成功地举办了一场晚会（这可是她大一时的梦想）。更让我佩服的是，她竟然一个人在暑假期间，回到自己的家乡，从零开始，在家乡筹办了一场精彩的大学生文艺晚会。大学毕业后，因为喜欢日语，到日本留学，业余时间她通过做兼职锻炼自己。对于一个22岁的女孩来说，我真心觉得她很不错。她有想法，并且积极努力想办法去实现自己的想法；她也比较独立，一个人在人生地不熟的日本生活学习，总的来说，她比很多同龄人更优秀。

不过，也许是她家里人总是把她的缺点和别人的优势去做比较，导致她一直不是那么自信，甚至有一点点自卑，她对我说，不喜欢自己的性格，不喜欢自己是个乖乖女的好女生，她喜欢朋友中那种性格开朗、能说会道、自信满满、善于推销自己的性格。她自己的性格是平和型为主完美型为辅，她温暖、善良，有爱心。她向往成为活跃型的女孩，因为活跃型女孩有很多她没有的优点。

在心理学中，有一种心理叫作补偿心理，就是自己没有的总想得到，所以就会有围城效应。

其实，她自己曾经也遇到过，她的朋友很想成为像她这样温和的女孩。也就是说，她向往成为别人，同时，也有别的人想成为她这样的人。结果

她们都迷失了自我。这也许就是年轻的代价。需要时间去让自己成长、成熟。

★ 给自己时间成熟、成长，做更好的自己

盲点① 不能坦然面对不完美

扫盲：一个成熟的人，首先需要学会接纳自己的不完美，才能做真实的、更好的自己。

每个人、每种性格，都有优点和缺点。没有一个人是完美的。你需要了解自己的优点和缺点，从而发挥自己的优点，让自己自信，同时，也要坦然去接纳自己的缺点，并不断去修正，做真实的自己。

同时，你也需要客观地去看待对方的优点和缺点，接纳对方的缺点——善待他人，要学会欣赏他人的优点——可以去吸收他人的优点，但不要因为别人的优点而看低自己，让自己成为别人。

做真实的自己，你会活得更加坦然、安心、从容。做真实的自己，自己才是独一无二的，做成别人即使再精美也只是一个超级赝品。

盲点② 自卑的你，低到了尘埃里

扫盲：捕捉自卑的原因，正视自卑心理。

有一位山东的小伙，身高 188 cm，长得很帅，本来他有足够的资本去自信。可是因为自卑，他如今 26 岁还没有全身心地投入一次恋爱；因为自卑，他没有跟从自己的意愿去工作和生活；因为自卑，他总是想得多，不敢去尝试、去行动；因为自卑，从初中开始就一直睡眠质量不好，总是有失眠倾向……

总之，自卑让他的人生缺乏阳光、缺乏精彩。

那么是什么原因导致了自卑呢？

如果你去观察 2-3 岁的小孩，你会发现，他们天生是自信的——他们有想法就会直接表达，想要什么都会想方设法去获得，他们总是很积极、乐观而且很快乐。为什么随着年龄的增长，很多人会变得越来越自卑呢？

导致一个人自卑有客观的原因，例如生理上有缺陷的人，通常会比较自卑，但是更多的是因为外在的影响导致一个人心理上有“缺陷”。

导致自卑有以下几个原因（见表 4-2）：

表 4-2　导致一个人自卑的原因

导致一个人自卑的原因	
原因	分析
父母打击式教育	小孩天生是自信的，但是在父母打击式教育下，例如经常挨打、挨训、挨批评等，小孩就会慢慢变得不自信，另外，父母不懂得尊重小孩的意愿，经常强迫孩子按自己的意愿行事——如果你用心去聆听父母对孩子说的话，你会惊奇地发现，父母用的否定词会远远超过肯定词，例如不能、不行、不应该、不可以，不准，怎么这么笨……慢慢地孩子会觉得自己怎么什么都不对，慢慢也会失去主见、失去自信。家庭教育是孩子的根本，孩子出生时是一张白纸，父母的教育让孩子在纸上涂上最初的色彩，如果孩子涂上的色彩鲜艳，他的人生也将丰富多彩，如果孩子涂上的灰暗的颜色，孩子的人生就可能会黯淡无光，例如自卑、依赖、胆怯、懦弱
重要长辈的批评、指责等	例如，老师经常性的批评、指责，很容易让学生自卑。在中学阶段，我感受过鼓励和批评——初中的班主任，罗老师，在他的鼓励下，我的成绩突飞猛进，结果以全年级前三名的成绩考上了省重点高中；然而上高一的时候，有一次，作文写离题了，作为语文老师的班主任，他把我的作文在全班同学面前批评，让我非常愤恨，也因此高中 3 年，我的语文没及过格，高考 150 分只考了 69 分，也因此没有考上大学（我其他的成绩都不错）
比较心理导致的自卑	有句话说得好，人比人气死人，尤其是别人拿你去比较，会让你自卑。例如，经常有父母会拿自己孩子的不足去和孩子的同学或者同龄的小朋友去比较，这样会伤孩子的心；例如，当老师的经常拿成绩差的去跟成绩好的同学去比较，这样成绩差的通常会自卑

了解自卑的原因是为了更好的远离自卑，以及避免自己的行为导致他人自卑。

作为成年人，再去抱怨父母的教育，长辈的教育等都于事无补。关键是如何去远离自卑，让自己自信。

我的建议是，大家可以从以下几个方面去行动，从而培养好的职业心态:

（1）学会独立

独立有身体独立、经济独立、人格独立，作为成年人。大家都已经身体独立了，接下来先要做一个经济独立的人，即自己赚钱养活自己，不可以依赖父母等家人。这是人格独立的基础和前提。

（2）按自己的意愿选择、行动

作为成年人，你需要为自己的人生负责，父母的养育的义务是在你未成年阶段尽可能提供生活必需品和相关的教育，当你成年后，人生是你自己的，你需要跟从自己的意愿去生活，去实现自己的理想和目标。

父母也许会陪伴你更长时间，但是你才是自己人生的主角，你的人生剧本需要你自己写，写好了自己演，身边的人顶多是配角，身边大多数人只是观众，他们也许会为你喝彩，也可能喝倒彩。但是只有你自己为你的演出承担后果。

（3）客观、辩证看待自己和他人，以及他人的评价

自卑的人容易放大自己的弱点和不足，其实每个人一定有优点，当然也有缺点。

如果你把自己的注意力聚焦在你的缺点和不足上面，就会觉得自己什么都不如别人；相对的，你身边的人，他们也有缺点和优点，千万不要把自己的缺点和别人的优点去比较，这样只会让你更自卑。要自信就需要客观看待自己和他人，学会接纳自己的不足，学会去发现和发展自己的优点，做与自己优点相匹配的工作；要自信还需要客观的看待他人的评价。他人的评价不一定正确，如果正确我们就虚心接受，如果不正确，我们可以不用太在意，做真实的自己。

（4）活在当下，通过行动积累结果

好的结果会让自己加强自信 。一个自卑的人要获得信心变得自信，外在的鼓励可以得以激励，但只有通过自己的行动、体验并产生好结果才可以让自己确信自己是“我可以、我能行”。好的结果并不一定要成就“伟大的事迹”。先做好我们力所能及的小事情，伟大的事迹都是很多好结果的小事情累积而来的。

每个人都是独一无二的——你何必自卑，每一个生命都会通过父母遗传获得天赋和短板。生命需要扬长避短，千万不要因自己的短板唉声叹气、怨天尤人、自卑自怜。因为每个生命都有自己的天赋和短板。重要的不是天赋和短板本身，而是我们如何看待自己的天赋和短板。智者不会去刻意掩饰自己的短板，他们会坦然面对并接纳自己的短板和限度；他们会把注意力聚焦在自己的天赋上——将自己的天赋潜能发挥出来、创造价值、造福人类。

盲点③ 莫名的急躁

扫盲：不急不躁，持续积累才能厚积薄发。

有一位名牌大学的博士，他是在武汉读的本科和研究生，专业都是地质学，目前在江苏的一所名校读博士（博一），他来自农村，家有父母和弟弟以及弟媳妇，虽然家里的经济状况一般，但他有弟弟在家照顾父母，所以他没有多大负担。

最近因为看到一位也是读地质学的前辈，具体不知道什么原因，推迟毕业了，毕业后找不到工作单位。于是他也担心自己。另外，他也比较孝顺，希望自己早点工作赚钱减轻家里的经济压力。

找我咨询前，他准备放弃他的专业、他的学业，去考会计证，准备先进小公司去上班。如果他不找我咨询，放弃读博、放弃专业去考个会计证，他找工作都很难，即使找到了，估计也只能是一个很一般的工作，因为找工作也是市场决定的，虽然各行各业都需要会计，但是专业会计毕业的人本身就很多，而且他目前已经 27 岁了，即使考了会计证也缺乏专业基础且没有经验。

其实，他的性格适合做学术研究，他本科、研究生、博士的专业都是一致性的（有不少博士，他们本科、研究生、博士并不一定是相关专业，因为有很多人是跨专业考研、考博），这种专业的积累已经有近 8 年，这是一种非常好的优势。所以他比很多人都具备了非常好的职业基础和职业潜力。所以他比很多人都幸福，只是他自己没有感觉到。

职业要想有好的发展，前提是必须专注一个领域去积累，只有持续积累到一定阶段才会厚积薄发，让自己的职业带来突破。 因为任何人只要专注于一个领域用心成长，5 年可以成为内行，10 年可以成为专家，15 年就可以成为权威。也就是说，只要你能在一个特定领域，投入 7300 个小时就能成为内行；投入 14600 个小时就能成为专家；而投入 21900 个小时就可以成为权威。但如果你只投入 3 分钟、3 个小时，你就什么也不是，就像挖井故事中的主人公一样，不断换地方挖井，很难挖出水来。

盲点④ 过于担心，杞人忧天

扫盲：用心备考而不是把时间浪费在担心未知的事情上。

有一位西安的高才生，在咨询之前，他已经决定了考博，而且已经选择好了学校，也联系了导师并购买了考博书籍。他的准未婚妻也支持他考博。离考博只有 2 个多月了，但是他一直在担心，他对现在的工作一点都不感冒——因为这种工作是他曾经放弃了的工作。咨询中，他还在犹豫是否辞职去考博。不过，通过第一阶段咨询后，他就决定辞职了——已经提交了辞职报告，他也刚去这个公司，一个星期交接就可以专心去准备考博。

咨询结束，我问他还有什么困惑。他说：对于我读博期间的家庭安排存在顾虑；假如努力后仍然没有考上博士，对于再次找工作存在顾虑；如果我考上了博士，面对生活的压力、我自己能不能潜心研究学术……总之考博期间，考上或考不上都很担心。

在我看来，他当下最重要的事是用心准备考博。至于能不能考上，只有考完了才知道。不过要考上，前提是需要他用心去准备。只要他用心去准备了，即使没有考上也不会后悔。人之所以会后悔，不是因为行动了没有成功、付出没有得到，而是不敢去尝试或者没有用心去尝试。

担心的事情，如果会发生，担心不担心都会发生，这样又何必担心？如果担心的事情不会发生，那么担心就是多余的。据统计，90% 的担心都是多余的。

★ 接纳职业的不完美，别让自己陷入恶性循环

有位朋友对我说，你的这个职业是上帝一般的职业，可以给人指点迷津。

其实，人无完人，金无足赤。职业也一样，没有完美的职业，只有适合的职业、喜欢的职业。

就如你喜欢一个人一样——每个人都不是完美的，他有好的一面，也有不好的一面，恋爱的时候，我们通常只关注了对方好的一面，以为对方是完美的，所以都会投入极大的热情——爱的卿卿我我、爱的不分昼夜、爱的你死我活；而婚姻走进现实，对方的缺点也会慢慢尽显眼底，然后彼此开始抱怨、指责甚至辱骂、嘲讽……所以离婚率很高、有的是闪婚闪离；可是离婚

之后，再找一个，似乎又会进入了同样的恶性循环。殊不知，幸福的婚姻是需要彼此去经营，前提就是需要学会接受彼此的不完美，即要客观地去看待你的另一半。如果彼此只看到对方的缺点并没法接受，那么离婚只是时间的问题。

同理，每份职业也会有好的一面，不好的一面，例如工资高，通常会要求也高、压力也大。例如，做职业生涯规划咨询：有好的一面——对我来说这个职业很自由，可以助人并有合理的收入；但是这个市场看起来很大，实际上，目前的市场比较小——真正愿意付费咨询的人不多，另外选择这个项目创业，很难做出规模——1 对 1 咨询很难复制，所以收入也会有限，而且职业生涯规划咨询服务，一次服务，终身受用，做过咨询的，以后的职业路上可以不要需要再咨询。

所以，有很多人都想成为职业生涯规划师，但是真正专心从事这个职业的人很少。当然，前提是这份职业是你喜欢的、适合你的。

当你学会了接纳自己职业的不完美，你才会努力去做好这份职业，从中获得职业的快感。例如，你可以接纳另一半的不完美，你就会抵制外在的诱惑，如见到美女，你看到对方的美丽、漂亮，同时也清楚，她也有缺点，只是暂时离得远，没发觉、看不到而已。接纳了另一半的不完美，你就不会对对方过于苛刻也就会接受对方犯错误；接纳另一半的不完美，你清楚对方还有很多优点，这样的婚姻就会幸福。不要羡慕别人的职业和婚姻，只要遇到自己喜欢的、适合的，你就要客观地去面对——欣赏好的一面，接纳不好的一面，然后努力专注去做更好的自己，这样幸福会每天都与你相伴！

你现在可以做一件事情，列出你的职业有哪些好的方面，有哪些不好的方面，学会去接纳不好的一面；你也可以列出你的另一半或对象：有哪些好的方面和坏的一面，学会去接纳。

5. 人生经历不等于核心竞争力

职业生涯（尤其在职业发展初期）是一个人最容易有职业盲点的阶段，所以要特别重视。需要正确起步，正确转换职业，积极的职业心态以及正确的职业认知。只有这样，你才更容易在职业初期提升自己的能力、积累自己的实力。毕竟，再丰富的经历也不等于核心竞争力（见图 4-2）。

★ 扫除职业认知的盲点，提升核心竞争力

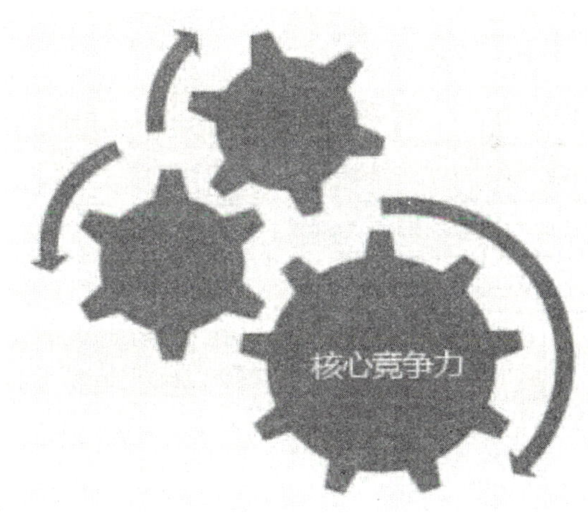

图 4–2 核心竞争力

盲点① “我的性格不适合做管理”

扫盲：每个人都适合做管理，但要看你是否有实力。

我经常遇见一些性格内向的咨询者，他们认为自己的性格不适合做管

理，而这是一种错误的认知。

管理有很多种——供应商管理、产品管理、生产管理、信息或数据管理、人事管理、营销管理、销售管理、技术研发管理、投资理财管理、企业运营管理。

如果把一个企业岗位分为三个层次——基层、中层和高层。

基层是自我管理，中层是管理他人的同时受人管理，高层是管理他人。

其实管理是一个综合性的行为，性格和管理之间是没有一对一的对应关系。具体到每一种管理，才可以进一步探讨性格与管理的匹配性（见表4-3）。

表 4-3　性格与管理的匹配性

性格与管理的匹配性	
管理类别	适合的性格
供应商管理	人际交往属于被动式——买方市场，一般都是销售方主动找采购方，所以比较适合完美型的人来做
产品管理	比较简单、重复，适合平和型的人来做
生产管理	属于固定流程化管理，适合完美型和平和型的人来管理
信息或数据管理	要求精确比较适合完美型或平和型的人来管理
人力资源管理	需要协调公司各部门的人际关系，适合平和型和活跃型的人来管理
营销管理	涉及策划和市场的变化——活跃型的人容易有创意，完美型的会不断优化
销售管理	需要开拓力强，适合力量型的人（当然这里说的是传统的主动出击的销售，如果是会议销售适合活跃型的人，门店销售属于被动式销售适合完美型或平和型的人，还有咨询式销售适合完美型的人）
技术研发管理	适合完美型的人，如果是应用性强的技术也适合平和型的人
投资理财管理	属于控制风险，所以完美型的人比较适合
企业运营管理	这要看什么阶段，如果是创业初期需要力量型来管理，80% 的创业型公司的老板都属于力量型，因为新公司要生存、发展，首先需要打开市场，这是力量型的优势。如果一个公司已经上了规模需要守江山，那么完美型的人也适合

每种性格的人都可以做管理，关键是要找到适合自己的发展方向和切入点，然后专注去积累。

例如，适合做技术，你就专攻技术，当你有了过硬的本领，并在企业内有足够的沉淀，你自然就可以做技术方面的管理。

所以，不是你适不适合做管理，而是你是否有实力坐上管理这个位置上去，只要你坐上去了，你就可以管理，并且不同的性格的人做管理，会形成不同的管理风格（见表 4-4）。

表 4–4　性格不同，管理风格也不同

性格不同，管理风格也不同	
性格	管理风格
力量型的管理者	做事的目的性非常强，做事很有魄力。他们通常会过度使用员工——加班是常有的事，他们的脾气会比较大，历史的暴君大多数是属于都是力量型的
完美型的管理者	会对下属要求严格，经常批评、指责，做事情会比较谨慎，不太信任下属，喜欢亲力亲为，做事的计划性强，追求循序渐进
活跃型的管理者	烙印是快乐管理，追求娱乐性，在玩中工作
平和型的管理者	最看重团队的人际和谐，和气生财，管理人性化，属于宽松式管理

另外，当企业上规模了并不是一个人管理，而是团队管理，管理团队成员之间可以发挥自己的优势进行互补管理。

盲点②　“我不适合这个行业”

扫盲：不是行业不适合你，而是你不能胜任某一行业的某个岗位。

在咨询中，经常遇到一些咨询者说：“我不适合这个行业”。

在知乎上，有很多迷茫的朋友会问“我不适合这个行业，我想转行”。

在回答这个问题之前，先需要对行业有个基本的了解。

行业是提供相似产品、相似服务或相似技术的企业群。

也就是说，一群相似的企业就可以形成一个行业。

例如，提供计算机相关产品、服务和技术的企业可以形成一个行业“计算机行业”。当然行业还可以进一步细分，例如，提供给计算机软件相关的企业可以形成计算机软件行业。提供咨询服务的一群企业可以形成咨询服务行业，咨询服务行业也可以进一步细分——提供职业生涯规划咨询服务的可以形成职业咨询行业，提供健康咨询服务的形成健康咨询行业，提供心理咨询服务的形成心理咨询服务行业。

既然行业内包括很多类似公司，而且每个公司都会提供多工作岗位，那么任何一个行业都会提供很多种职业。

所以“我不适合这个行业”这种观念是错误的。

因为每个行业都有很多人，这些人是各种各样的。

从性格来说，人可以分为完美型、活跃型、力量型和平和型。任何行业都会有这四种性格的人。而且任何行业都会有干得好的，也有干得不好的。

所以，行业不会决定一个人的职业成与败。

当然，行业的前景会影响一个人的职业成败，例如行业前景好的，在这个行业内的企业和个人，他们相对发展的空间会较大，相反则较小。总的来说，一个国家的宏观经济好的情况下，前景不好的行业很少，对于个人来说要结合自己的实际情况，尽量去选择前景好的行业。

一个人适不适合的不是行业，而是行业内具体某个企业内的工作岗位。

只有当一个人具体做某些事情的时候才会觉得适不适合。

例如，喜欢主动沟通的人会适合做主动性销售，喜欢说话、表现自己的人适合做会议销售，性格温和、喜欢被动沟通的适合做客户上门的门店销售和客服，性格内向善于思考分析的适合做咨询式销售。

所以，当你觉得目前的工作不适合自己，你可以考虑在企业内部换个适合的工作岗位，如果公司内部没有适合的公司岗位，你可以在这个行业内换一个企业再换个适合的工作岗位——通常大公司提供的工作岗位会比小公司多。

因此，每个行业内会提供很多工作岗位，如果你用心了解，你可以在行业内找到适合自己的工作岗位。而不需要跳出行业去换工作。

盲点③ 专注 10 年，收入却不高

扫盲：懂得投资自己，让自己不断成长，变得更值钱。

有一位来自广东的咨询者，她工作 10 年，大部分时间都是在从事企业质量管理认证方面的工作，从专注职业的角度来说，她做得很好，而且比较上进，做事认真负责，但是做质量认证的时候，她的月薪最高也不到 4 千块钱。年初的时候换了一份工作，但不是做认证的工作，虽然工资涨到了 5 千块钱，但是因为换了一个新的领域，几乎都要从零开始学，加上领导的过多干预、公司提供的资源有限，她干了几个月，感觉很不适应。

前天，她的工作已经被同事接手了（说明这份工作没做好），公司要给她分派新的工作。按理说，在一个相关的工作岗位连续工作近 10 年，而且是在广东的一个二线城市，她的收入应该会比现在高。因为在一个工作岗位工作这么久，而且是认真做，必然是这个领域内的专业、内行人士。

那么，为什么她的收入没上来呢？

我帮这位咨询者总结了一下原因，一是自己缺乏职业目标，虽然干了近十年的认证工作，但是一直在基层工作，一直都在被管理、被领导，从来没有管过人。

关于这一点，一是在于她自己的观念受限，觉得自己不适合做管理，所以虽然想往主管、经理方向去发展职业，但是一直没有行动。其实，她近10年的工作，真正只需要3年左右的时间就可以做好。那么对于多出来的时间，用一个形象的比喻，就是在炒剩饭，在重复做一份自己已经很熟悉的工作。

二是极少对自己做投资。虽然在工作期间，因为工作需要，公司曾经派她去参加过不少培训并拿了不少资格证书。但是都是被安排去学的，所以学的不够系统（学习也需要有目的地去学，需要围绕自己的职业目标去学）。而她很少主动投资去学习。另外她自己其实很早就想投资做咨询，但是又怕花钱，所以一直拖到前些时间才决定找我咨询。

如果早找我咨询，我想她早就可以成为一个企业的中高层管理者。她就不必在“原地踏步”那么久。一个人的职业要发展，其前提是让自己不断成长、让自己变得更值钱。所以投资自己和自己的未来是最好的投资。

总的来说，一个人的职业发展，在企业内，应该是从基层往中高层发展；在行业内，应该是从小公司、差公司往大公司、好公司去发展，到了一定的阶段，就可以突破企业或行业的限制，例如自己创业或为行业内的企业提供服务等。

这样的职业发展才能和自己的成长保持一致性，如果一个人总是从一个公司的基层跳到另外一个公司基层去工作，或者在同一个公司的基层长时间的工作，那么她的工作经验会越来越丰富，但是她的成长会有限，她的收入也会受限。一个人即使从小公司跳到很大的公司，但是同行业内相同或相近的工作岗位，收入相差不会太多。所以这种职业发展方式薪水很难有大的提高。

盲点④ 专注错的，很难成长

扫盲：正确评估岗位，专注在对的事情上，避免“南辕北辙”。

有一位来自山东的咨询者，她的情况和很多咨询者不一样。很多咨询者都喜欢盲目跳槽，而她毕业近 8 年，一直在一个公司、一个岗位上工作。但遗憾的是，她的职业并不成功。另外，她所在公司这 8 年也没多大发展，目前只有十几个人，她所在的部门 8 年只增加了一名员工。

她是做外贸业务的，其实她的性格并不适合做外贸业务，性格内向，不喜欢与人交往，英语口语也一般，与外国人交流的时候，总担心自己的英语说不好，讨厌应酬，虽然做了近 8 年的外贸业务，但是业绩一般，开发新客户的能力很弱，维持客户还可以。

其实，她自己也一直想辞职，几年前就想辞职，但是她属于想法很多，行动却犹豫不决的人，所以不知不觉就过了 8 年了。虽然她平时也爱学习，但是没有专注在某一方面。所以目前她能做的、招聘方认可的能力也仅仅是外贸业务。另外，她也是一名近 30 岁的单身女性。目前她不仅面对的是职业迷茫，还有感情困惑。

这个咨询案例给我们的启发是：专注也不一定会成功！因为专注是有前提的——要专注在对的上面，否则就会成为南辕北辙的主角。

这位咨询者专注在不适合的工作岗位上，虽然她的工作能力有所成长，行业经验、行业的知识等也有所积累，但是因为不适合，职业没有发挥自己的性格优势，所以她的职业成长是有限的，我不能说她的职业是完全失败的，相对于一些盲目跳槽的朋友，她的收入可能还不错——她之所以没有勇气去跳槽，她担心自己的收入越跳越低。

从性格匹配于职业来说，职业可以分为三个档：

一是假如性格与职业的匹配分值为 80～99 分（没有 100% 匹配的职业），那么我们可以称这种职业是“适合”我们的；

二是假如性格与职业的匹配分值为 60～80 分，那么我们可以称这种职业“比较适合”我们；

三是假设性格与职业的匹配分值为 60 分以下，即不及格。那么我们可以称这种职业“不适合”我们。

这位咨询的朋友做了“不适合”她的职业，所以即使她很努力、很专注，也只能获得一定的成长，很难获得较大成功！

盲点⑤ 其他的错误认知（见表 4-5）

扫盲：不断总结，总有一些错误的认知不经意间被遗漏。

表 4-5 其他的错误认知

其他的错误认知	
错误认知	错误的点
想要绝对的公平	迟到罚钱，加班为什么没有加班工资？老板永远是对的，老板不会适应你，而你需要去适应老板、要适应公司的环境、公司的制度等。另外，老板的口头承诺不要过于在意——能够得现只能说是你有福气、遇上了一个诚信的老板
过于自我、忽视关系、得罪他人	得罪人是有成本的，尤其是得罪上司和前辈——小心他们给你穿小鞋。越级报告会得罪直接上司，贪功会得罪同事和上司，自傲会得罪你身边的人；冷漠会让你孤立无援；口无遮拦背后议论、抱怨他人会得罪他人。不思进取、总找借口会让同事瞧不起，不要去打听同事的工资和他人的私生活
拉关系求发展	国人重视关系，但是仅仅靠关系没法让你持续发展。职场的本质是利益、是交换——要想发展，首先需要让自己有利用价值、让自己不可替代
轻看上司	老板不会让一个傻子坐在上司这个位子上。你想要坐上这个位子，首先需要配合你目前的上司：拿到任务以后，先动起来，在行动中寻找解决方案；遇到不懂的问题要请教上司，上司忙时先汇总好你的问题，等上司闲暇的时候，再去请教；随时给你的上司汇报你的工作进度——汇报工作的时候先讲结论和重点。当你在配合上司的过程中表现出色，如果你超越了上司——老板自然会让你升职

请找一张白纸，把本节列举的盲点都写出来，然后跟自己进行对照，你目前存在哪些盲点？你打算如何去避免？

6. 没有付出就想得到是贪婪，没有危机感就是最大的危机

前几天在微博上看到一段话："你花六块八买个便当吃，觉得很节省，有人在路边买了七毛钱馒头吞咽后步履匆匆；你八点起床看书，觉得很勤奋，上微博发现曾经的同学八点就已经在面对繁重的工作；你周六补个课，觉得很累，打个电话才知道许多朋友都连续加班了一个月。亲爱的，你真的还不够苦，不够勤奋、不够努力。"

这句话是说给每一个在职业生涯的路上，为梦想而不努力的人听的。

★ 没有付出就想得到是贪婪

有这样的一个故事：从前，有一位爱民如子的国王，在他的英明领导下，人民丰衣足食，安居乐业。深谋远虑的国王却担心当他死后，人民是不是也能过着幸福的日子，于是他召集了国内的有识之士。命令他们找一个能确保人民生活幸福的永世法则。

三个月后，这班学者把三本六寸厚的帛书呈上给国王说："国王陛下，天下的知识都汇集在这三本书内。只要人民读完它，就能确保他们的生活无忧了。"

国王不以为然，因为他认为人民都不会花那么多时间来看书。所以，他再命令这班学者继续钻研。

又过了三个月，学者们把三本书简化成一本。国王还是不满意，再过一个月后，学者们把一张纸呈上给国王，国王看后非常满意地说："很好，只要我的人民日后都真正奉行这宝贵的智慧，我相信他们一定能过上富裕幸福的生活。"说完后便重重地奖赏了这些学者。原来这张纸上只写了一句话：天下没有免费的午餐。

为了这句话，一群有识之士，花费了几个月的时间。每个人都渴望富有，

成功、出人头地；可是扪心自问——你为你的午餐付出了多少？这种付出可能是时间、金钱、精力等。

盲点　总想获取免费午餐

扫盲：如果你没有多大付出，就想获得大回报，那是异想天开。

一分耕耘，一分收获；没有春天的播种、夏天的浇灌，你想在秋天有好的收成？通常那些已经成功的人，私下里都曾经付出过巨大努力。只是我们没亲眼看到他们的付出而只看到了他们光鲜的一面。

当然，天下也有免费的午餐，在你没成年之前，父母给的，那是养育之爱；如果成年之后，你还经常认为父母应该给你午餐，那就叫啃老；如果成年之后你经常接受别人的免费午餐，那叫要饭。

欲取之，先予之。

而很多人的思维模式是先取之，后予之；可是银行卡上，你不先存钱进去怎么会有钱给你取。也许你会说现在有信用卡，可以先用后还，不过很多没有偿还能力的朋友最终丢失了自己的信誉，而且过期偿还会产生高额的费用。我有个朋友就有一张信用卡，忘记还款，银行过了 6 天才发短信提醒他，结果每天扣了 0.5% 的利息（一个月就是 15% 的高额利息）。

免费后面通常都会隐藏危机（当然有些免费体验是为了吸引消费者体验，然后成交，属于合理的营销手段），例如，很多人收到免费中奖信息，结果会上当受骗；很多集资的骗子都是承诺比银行高很多的利息，结果很多人投钱后都血本无归。骗子之所以能够骗得成功，就是因为很多人都想获得“免费午餐”。这种贪婪才让骗子有机可乘。

所以，请你牢记——天下没有免费的午餐！如果有一天你无故获得了“免费馅饼”，你可不要高兴太早。贪官收了很多“免费的午餐”——结果是牢狱之灾或被判死刑！

★ 没有危机意识是最大的危机

有一位咨询者的经历很典型，希望可以给大家带来启发。该咨询者毕业后在两个公司有短暂的工作经历，后来进入了现在这个单位，是一个交通部门的事业单位，他不是正式员工，属于编制外招聘的合同工。他在这个单位一直工作到现在，已经有 6 年了，主要的工作是一般文职的工作，所以虽然工作了 6 年、积累了 6 年，但是目前他只是具备文职类工作的一般技能，然而时间飞速，转眼他都 30 岁了。

盲点　总觉得压力山大却无力改变现状

扫盲：不要总想得太多，行动得太少。

俗话说30而立，但是他30岁，目前没有积累什么核心的职业技能。另外，他目前还是单身。所以他目前的压力很大，不仅仅是职业上的（不喜欢目前的职业，也不适合目前的职业，职业本身的发展性也比较差），还有心理上的、情感上的压力。

他其实是一个有进取心的人，一直都想去改变现状，就如他自己说的话，也不会现在投资做职业生涯规划咨询”。只是他是那种想得太多，行动的太少、太慢的人。虽然通过几个小时的职业咨询，帮他厘清了职业的发展方向以及下一步该如何去做职业转换。但是他要想取得职业成功，还需要比其他人付出更多——因为他过去浪费了太多宝贵的时间。

其实，他可以早几年去放弃目前的职业——一份自己不喜欢、对自己没有什么成长、职业本身的发展性又很差的职业。这样的职业我们需要尽早去放弃，如果他早点舍弃那份工作，说不定现在有了更好、更适合的职业。

所以，如果你目前也是处于一种没什么成长、没什么发展、自己也不喜欢的职业阶段，你需要开始反思、开始有紧迫感、危机感——需要尽快去做职业转换，为自己的职业寻找新的出路。

不然越往后越难——因为岁月不饶人，年龄越大、做职业转换会越难。

19世纪末美国康奈尔大学科学家做过的著名“青蛙实验”——科学家将青蛙投入已经煮沸的开水中时，青蛙因受不了突如其来的高温刺激立即奋力从开水中跳出来得以成功逃生。同样是水煮青蛙实验。当科研人员把青蛙先放入装着冷水的容器中，然后再加热。结果就不一样了。青蛙反倒因为开始时水温的舒适而在水中悠然自得。直至发现无法忍受高温时，已经心有余而力不足了。（见图4-3）。

图4–3　温水煮青蛙

温水煮蛙的实验道出了从量变到质变的原理，说明的是由于对渐变的适应性和习惯性，失去戒备而招灾的道理。突如其来的大敌当前往往让人做出意想不到的防御效果，然而面对安逸的环境往往会产生不拘小节的松懈，也是最致命的松懈，到死都还不知何故。希望各位朋友不要做水煮的青蛙，要让自己有危机意识、要未雨绸缪，这样才容易预防职业危机、收获职业成功。

人和青蛙有本质的区别，就像这位咨询者一样，虽然曾经做过一段时间“水煮的青蛙”，可喜的是他选择了重新起步，只要他朝正确的方向努力前行，我相信他一定可以拥有更好的未来。最怕是那些身处险境却依然没有危机意识、还不知自己身处险境。

有人说："付出乃是逆境的克星，因为它让你咬紧牙关坚持下去，无论被击倒多少次，它总能支持你再爬起来，所以，只要你的工作目标已经确立，你就必须努力付出，这种付出必须要全力以赴。"失败，也许只是因为你的付出还不够！

职途迷返

也许你不具备某种天分，也没有聪明的头脑，于是只能通过后天的勤奋、努力来弥补缺憾。可是，比这更悲哀的是，比你聪明、比你有天分、比你有条件的人，比你还要加倍努力。

这个世界是有不公平，可是如果你足够努力，足够坚韧，足够勇敢，你又怎么知道自己不会得到自己想要的一切呢？

人最大的敌人是自己，如果不能超越自我，感动自己，那么根本不可能会全力以赴地去实现自己心中的梦想。

7. 越等待、越纠结、越痛苦：有梦就早点去追

如果你有梦想，不要把梦想藏着，而是需要尽早放飞梦想，追逐梦想。因为你越年轻，你越有冲劲；你越年轻，你越有机会；你越年轻，你越有资本。否则越等待、越纠结、越痛苦。

★ 如果有梦，早点去追

盲点① 因失败 / 迷茫而对未来犹豫不决

扫盲：全面分析后再决定要不要继续在行业里打拼。

有位深圳的咨询者找我做了咨询。他工作认真负责、诚信敬业，业务素

质和能力都不错，他是一个物流公司在深圳的负责人。其实，他进入物流行业几乎没有任何基础，但是，通过他不断地努力和专注，至少目前在这个行业的这个企业有自己的一席之地。

他是学法律专业的，2004 年毕业，曾经做了半年的法律老师，因为不甘现状，他辞职了。辞职后，2005 年的时候参加了司法考试，差 1 分；同时期还参加了考“法律”方面的研究生，但没有考上。后来，2006 年，他就进入到物流行业，在一个公司做到现在，近 7 年。他想去成为一名法官，但是进入物流行业的前几年，他没有去追逐他的“法官梦”，直到 2011 年年中，司法考试通过；后来又参加了公务员考试。

另外，他在目前的行业遇到了一些瓶颈，本来可以做公司的副总，但是因为自己不太自信，也是又缺乏管理方面的培训。他自认为是非常善于带兵，但不会带将——带兵和带将需要不同的管理理念、管理的技巧和方法。

如果从德才兼备来对他进行评估，他是一位品德高尚，行业经验丰富、业务素质和能力过硬的人，唯独在管理，即带部门经理的能力不强。总经理为了让他有个调整期，暂时把他调到深圳做负责人，年初才去的，最近感觉不错。

他找我咨询的目的是帮他分析，他该继续在物流行业发展还是去追求他的“法官梦”。

我跟他做了全面的分析，结果是希望他继续在目前这个行业去打拼。

理由有 3 个：

一是他追求“法官梦”的欲望并不强烈，他刚进入物流行业的那几年，他做得很顺利，所以他所谓的“法官梦”离他而去了，直到后来做了管理，觉得有点不适应。所以，他又开始捡起他的“法官梦”——参加了司法考试以及考虑公务员。如果他目前的职业顺利，我想他的“法官梦”会一直被藏起来；

二是即使他现在去追逐他的“法官梦”，今年他已经 32 岁了。他还具备考公务员的条件——35 岁之前可以参加考公务员。就算他考过了，他目前仅有的基础是文凭和职业资格证，目前没有从业经验。而相对于其他的一些竞争者，也许有法律专业刚毕业的学生就参加了司法考试以及公务员考试，那么对方可能会比他提前 10 年进入这样的一个领域。职业生涯也就 4 个 10 年左右。当然，不是不可以选择，只是选择这条路要想获得一定的成就，必须要比常人付出数倍的努力——他需要把那 10 年给补回来；

三是他在目前的行业积累 7 年，而且做得还算不错，只是遇到一些瓶颈。所以最合理的选择还是专注于现有行业去提升自己、突破瓶颈。后来，他还是勇敢地辞职了，去了一个律师事务所做了几个月，但又回到了物流行业。

盲点② 因为某些现实原因在理想与现实之间纠结

扫盲：跟从内心与现实情况合理做出选择。

还有一位福建的咨询者，她之前有一个理想就是要学舞蹈、当舞蹈教练以及创办一家舞蹈培训公司。因为父母比较传统，所以她的想法一直被压抑着，上大学期间，参加了一个短期的舞蹈培训，然后参加舞蹈比赛并获了奖，她自己觉得那段时间是她人生过得最快乐的时候。毕业之后，因为工作、感情等现实的问题，虽然她一直想去学舞蹈，也想去从事这方面的职业，但是她又顾及父母的感受，所以一直在理想和现实之间纠结——内心有个声音在呼唤，我要学舞蹈，但是自己又不得不面对现实，家里的经济条件一般，父母觉得学舞蹈有点不务正业。所以她这几年几乎没有花时间在自己的理想上，所以感觉这几年过得不快乐。

对于她来说，只参加了一次短期的在校舞蹈培训，要想在舞蹈的领域去直接从事这方面的职业会比较难，所以直接放弃她的专业（她是学英语专业的，目前在一个外贸公司做业务 2 年多）不太现实。虽然她自己觉得有这方面的天赋、自己想去追逐她的舞蹈梦。但是有天赋还远远不够，还需要投入时间去积累，尤其是舞蹈，需要从小开始练——练身体、练基本功等，而且随着年龄的增加要练舞蹈基本功会更难。

对于我们成年人来说，在现实与理想之间，更需要根据个人的情况做出合理的选择：例如上面这位咨询者，可以把自己的理想作为业余的兴趣；她也可以边工作边利用业余时间去学舞蹈或兼职从事这方面的工作，也许有一天就可以真正从事自己喜欢的职业；当然，如果她有足够的勇气也可以放弃目前的职业去追逐自己的理想（这需要非常大的决心而且需要好的心态、愿意去付出——因为进入一个自己没什么基础的新领域需要较长的时间积累才可以拥有自己的核心职业技能，例如我自己花了 3 年多的时间在职业生涯规划的领域积累，才开始做收费咨询）。

对于大多数人来说，具体如何去选择需要跟从自己的内心。喜欢冒险的人通常会选择不顾一切地去追求理想，比较理性的人会选择在现实的基础上去追逐理想；比较安逸的人会在现实的过程中逐渐遗忘自己的理想。

大多数人的职业不成功并不能归咎于才智平庸，也并非单纯的时运不济，往往是因为不能一贯地保持健康的心态。通常吓退我们的挫折，不是其真的有多么了不起，而是我们的心态首先缴械投降了，长此以往必然会一蹶不振。

所以，听从你内心的声音，不要等待，不必纠结。眼前看似一切正常的可以给你水波不兴般的稳定人生，但你的人性却逃脱不掉无所不在的桎梏，也无法奢望解放天性的自由。

乔布斯曾说：“要创造伟大的东西，就要不惧失败。如果你真的知道自己在做什么、自己想要什么，那么哪怕一败涂地也要放手一搏。”

每个人都渴望成功，但一旦成功的希望渺茫时，我们若就此放弃而不放手一搏，成功的可能性也就不复存在了。如果珍惜每一个希望，哪怕是最微小的希望，把它们都当作上天对你的眷顾，最后无论是取得成功或是遭遇失败，你都会心存感激、轻松释怀！

唯有浴血奋战才配得上荣耀

——成功总要拐几个弯才来

在职场拐弯处，
你的态度是左右你生命的最重要因素。
不要总是看到自己没有的，
要看到自己拥有的，
然后用自己拥有的，去追求或创造自己想要的。

正因为成功没有想象中那么容易，追逐的过程才更加令人着迷，甚至令我们倾注整个职业生涯去追寻。职业生涯这趟人生的列车不是分分钟就到达目的地，成功没有捷径，你不仅要端正态度、拔除毒瘤，更要培养你的核心竞争力。

现在开始，许自己一个了不起的未来，不再做迷茫和失败的人！

1．在职场拐弯处，留给你的机会并不多

职业生涯，说长不长，说短不短。

职业生涯没有回程票，一旦踏上这趟列车，旅途就此开始。

先好好想想在职场的某个拐角处，你将做何选择，如何把握住机会。

有人说，机会是公平的，或多或少地都会来到每个人身边。

区别就在于，有些人在苦苦等待机会，有些人在不断创造机会；有些人茫然无知，有些人发现了；有些人抓不住，有些人抓住了。

★ 职业生涯不能倒带，机会只有一次

狙击手这个颇具神秘感的职业，在战场上需要像一部机器般绝对冷酷无情，令人胆寒，并且可以“精密”地一枪毙敌于百米之外。如果两个狙击手在战场上遭遇，对双方而言机会都只有一次，要么摧毁对方，要么被对方摧毁，没有第二种选择。

我们在现实生活中也会遇到类似的情况，有些机会对你来讲可能一生

也只有一次，一旦错过就将遗憾终生，追悔莫及。例如，家门口举办的奥运会，如果你当时没有亲临现场，有生之年可能也不会再恰逢其会了。同理，在人的一生中诸如爱情、家庭、事业、财富等方面可能也只有唯一的绝佳机会出现在你面前，你把握住了，或许会受益一生，反之则可能永不复得。

然而，大多数人在年轻的时候，总觉得机会何其多，对职业生涯中难得的机会懒得理会和努力争取。但是机会真的会始终眷顾于你吗？

时光一去永不回，即便以后你面临同样的机会，你的现实年龄和心智程度也不会随着你的意志而发生变化，能否把握住再一次的机会不说，恐怕你已经丧失了去争取和开拓的雄心壮志。

有些时候，机会只有一次（见图 5-1）。

图 5–1　机会漫语

正因如此，我们在职场拐弯处，在做出选择的一刻，都要倍加谨慎。

（1）职业生涯如时光般不可倒流，慎重选择

职业生涯何其短暂，在时光的长河中就如同过眼烟云，稍纵即逝。

职业生涯不会倒流，并且每一天都在更新，遑论年与年之间的人生跨度，如果你用时光去殉葬平庸，那将是人生最大的悲哀。在奋斗的年代损耗的时光，才不负职场这趟旅行。

不能倒流的职场人生，即使你用再多的财富也换不回来，但只要你脚踏实地活在追求梦想的路上，就能体现自己人生的最大价值。

（2）选择的同时也意味着放弃

职场每一个拐角的选择往往只有一次机会，所以你选择一条路的同时就意味着放弃其他的路，毕竟鱼和熊掌不可兼得，如果你选择繁华就要放弃清静，如果你选择充实就要放弃闲散。选择和放弃这两个矛盾体却又像双生兄弟一样彼此如影随形。选择可以说是职业旅途上停泊过的港湾；而放弃则是职业旅途上靓丽的风景，只有顾全大局、简单从容地放弃才能获得最想要的人生。

（3）留给你的机会并不多，失去便不可重来

职场中各种各样的机会比比皆是，但有的机会在人的一生中却只会幸运地出现一次，错过即永远失去，终生无缘复见。因此，当机会垂青于你时，你不仅要敏感地察觉到，更要奋力一搏，千万莫要辜负它。

在职场拐弯处，就是这样狭窄，要么朝左走，要么朝右走。选择了左，你就永远不知道右边有怎样的风景和收获；选择了右，你就永远不明白左边的精彩和快乐。

无论向左走、向右走，都要给自己一个无悔的职业生涯！

通过上面的分析，你需要给自己足够的动力去奋斗（见表 5-1）。

表 5-1　动力的三个层次

动力的三个层次	
层次	分析
避死求生	这是人的一种本能，当我们遇到生命危险的时候，我们会尽一切可能让自己避免死亡、获得生存。所以活着就是一件幸福的事情，活着表示“我还存在”，活着表示我们至少还存在求生欲望
远离痛苦追求快乐	很多人都有玩游戏的习惯，是因为游戏可以给我们带来暂时的快乐；但是在工作期间，大家一般都不会玩游戏（工作期间玩游戏很容易被炒鱿鱼），因为我们需要工作——如果没有工作，可能没地方住、没东西吃等，这样就会很痛苦 远离痛苦是一种推力——是动力、是起点，追求快乐是一种吸引力——是目标、是终点。远离痛苦是暂时的（人不可能总是受到危害或身处困境），但力量是巨大的（很多有成就的人都是出生寒微，为了逃离贫穷、逃离困境，他们充满了力量，例如李嘉诚、王永庆）；追求快乐的力量虽然远不如远离痛苦的力量大（因为我们还活着），却是永恒的（我们都希望长生不老、希望自己一生快乐）。所以从这个意义上来说，人生就是追求快乐和远离痛苦的总和，是追求快乐和远离痛苦这两股力量共同作用的结果。远离痛苦比追求快乐更具有行动的爆发力。所以你之所以还没有行动，很多情况下，并不是我们没有想法、没有希望，而是还不够痛苦。就如你还没有规划，是因为迷茫还不足以让你非常痛苦
有爱	帮助自己的家人远离痛苦、追求快乐。对于已经结婚生子的朋友来说，这点应该非常有体会。很多父母之所以努力工作，是因为他们希望自己的孩子可以过得好一点、希望自己的孩子远离贫穷、远离生活的痛苦，其本质是因为每一个父母都爱自己的孩子；另外，我们都希望我们的父母都健康快乐、不要生病等，是因为我们怕他们痛苦、不快乐，也会担心他们生病给自己带来痛苦。所以如果你缺乏行动力，就好好想想你的孩子或你的父母，他们也许因为你不行动、不去努力而痛苦、缺乏快乐。另外有一些轻生的朋友，他们之所以选择离开人间，是因为他们没有意识到——他们的离开会给自己的父母带来多么大的痛苦。所以这些轻生的人是最自私的人、也是缺爱的人

★ 把握机会，管理好你的时间

时间就是你的生命，时间不管理好就会被浪费——浪费的是你的时间，流失的是机会。

请完成表 5-2：

表 5–2　管理你的时间

<table>
<tr><th colspan="3">管理你的时间</th></tr>
<tr><td colspan="2">三大目标</td><td>目标的具体内容</td></tr>
<tr><td rowspan="5">你的目标</td><td>人生目标</td><td>你的志向：</td></tr>
<tr><td>职业目标</td><td>1 年内的：</td></tr>
<tr><td rowspan="3">最近 3 个行动目标</td><td>①</td></tr>
<tr><td>②</td></tr>
<tr><td>③</td></tr>
<tr><td colspan="2" rowspan="3">针对自己 3 个行动目标——你有怎样的行动计划</td><td>①</td></tr>
<tr><td>②</td></tr>
<tr><td>③</td></tr>
</table>

见图 5-2 所示：所有的事情都可以分为四类：重要又紧急、重要不紧急、不重要却紧急和不重要也不紧急。

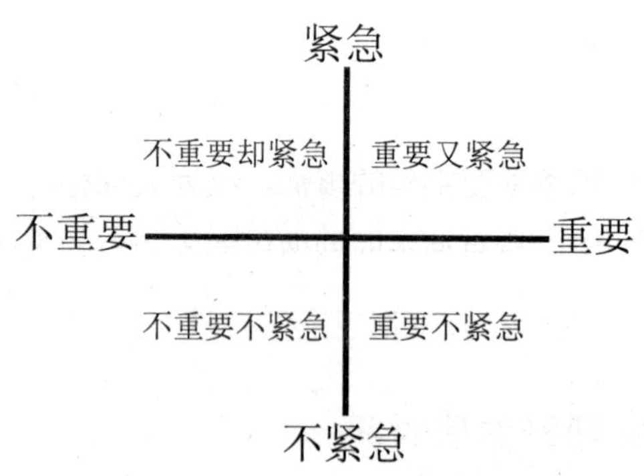

图 5–2　时间管理的四象限

要管理好时间，你首先需要明确，什么事情对你来说是重要的。

当你清楚什么对自己重要，你才会分配更多的时间去做这些重要事情。

为了更清晰什么是重要的事情，你可以把时间分为两大类：

一是工作时间，二是休息时间。

工作时间：与工作有关的事情是重要的，与你的职业目标一致的事情是重要的；

休息时间：可以让你的生活更好的事情就是重要的事情。例如，吃饭的时间，吃饭是最重要；睡觉的时间睡觉是最重要；与家人在一起的时候，要享受亲子时光。

在休息的时间里，不要忘记安排时间去学习。有人说，晚饭后的两个小时对一个人的职业和人生有重要的影响，如果你用这两个小时去阅读，你就会获得成长，你的人生就会不一样。

重要的事情要多做、要不断地做，不重要的事情要少做，最好不要做。重要又紧急的事情现在立刻就做，不重要不紧急的事情（和你没什么关系的事情）千万别做。

成功的人经常做重要不紧急的事情，重要不紧急的事情做多了就会预防重要紧急的事情发生，重要紧急的事情会比较少。

比较成功的人经常做重要紧急的事情，因为大部分时间只做重要紧急的事情，总是在忙碌，所以没有很多时间做重要不紧急的事情，例如思考、规划未来等。

不成功的人经常做紧急不重要的事情，无聊的人会经常做既不重要又不紧急的事情。

每个成年人都有自由选择的权利，你可以做如下四种选择（见表 5-3）：

表 5-3　你的四种选择

你的四种选择	
选择	具体行动
现在开始做某些事情	想做值得做却一直没有做的事情——从现在就去做
现在开始停止做某些事情	不想做不值得的事情——从现在开始停止去做
现在开始多做某些事情	重要的事情——从现在开始要经常做、持续做
现在开始少做某些事情	不重要的事情尽量少做

也就是说，无论何时你都可自己选择做与不做某些事情，或多做还是少做某些事情。

所以，你不仅需要明确的人生、职业和行动目标，还需要通过时间管理达成目标，最终才能与那朵名为成功的彼岸花不期而遇！

有时一次机会就可以奠定一番霸业。然而，英勇如力拔山兮气盖世的西楚霸王项羽也会因为没有把握住鸿门宴这一关键的机会铲除劲敌刘邦，最终“一失足成千古恨”，饮恨乌江畔。对项羽而言，鸿门宴这次机会是万万不可失去的，一旦失去便不可重来。

2. 时间不会为了等你的决定而停下脚步

曾和几位咨询者聊天，聊到近况，发现很多人都会下意识地说道：“嗨，就是混日子吧！”

你是否也曾下意识的表达过，其实这就是你职业生涯的真实现状！

但请回过头来仔细想想，你的日子真的是用来混的吗？

曾看到过这样一句话："当你认真对待生活的时候，才值得被生活认真对待。当你在混混度日的时候，是否有想过，当你决定"混"日子的时候，其实是日子在消磨你！"

★"愿时光不负努力，青春不负自己！"

想起一段歌词"愿时光不负努力，青春不负自己！"

即便你根据前面总结的方法做了一系列职业生涯规划，最终也未必会达成目标。因为现实中总是布满这样那样的问题，给予你未能实现梦想的种种借口。

网络上有这样一段话：

"18岁读大学，问你的理想是什么，你说环游世界；22岁读完大学，你说找了工作以后再去；26岁工作稳定，你说买了房以后再说；30岁有车有房，你说等结婚了再带老婆一起去；35岁有了小孩，你说小孩大一点再去；40岁孩子大了，你说养好了老人再去，最后，你哪儿也没有去。"

当你一直以为是时间和现实的问题中断了自己前进的脚步时，却唯独没有意识到是自己的行动出现了问题。

然而，太多人总是热衷于谈论梦想，宁愿把梦想当作对死气沉沉的慰藉，也不去付诸行动。

职业生涯里，并没有太多的日子拿来混。生活中太多人，总是为自己的未来设定这样那样的目标，并想象实现这些目标可能会遇到的困难，看上去深思熟虑，却缺少行动的能力，到了最后终究是"混日子"罢了（见图5-3）！

图 5-3 “混日子”漫画

也有许多人明明怀揣着目标，却从来未曾认真地去努力尝试实现。

想要实现梦想，就必须为之付诸足够的行动，持之以恒、坚持不懈。那些在各自领域中取得成功的人，从不会等待和拖延，更不会“明日复明日”地混日子。

2009 年，一个北京的小伙子选择通过“搭顺风车”的方式去德国柏林看自己的女友，在完全依靠陌生人帮助的情况下，他和伙伴一路借助“搭顺风车”，兜兜转转跋涉了 1.6 万多公里、途经 13 个国家，穿越了中国、中亚和欧洲，最终到达柏林见到了自己的女友。

后来针对这一事件还出过一本书，叫《搭车去柏林》。事件中的主人公美籍中国小伙谷岳说过这样一句话：“有些事，你现在不做，永远也不会去做。”

不要混日子，行动才是最强大的力量，它是梦想最高贵的表达。

（1）独立思考

行动力卓越的人根本不会被别人的意见所左右，因为他们每时每刻都在行动的路上，无论碰到何种问题，他们都能够想办法通过自己动手或主动寻求帮助来解决，而绝不会坐以待毙或把希望寄托在别人身上，等别人来为自己解决问题。

你要具备独立思考的精神，多花点时间思考一下自己想要追求的是什么，内心深处的梦想又是什么。不要轻易被别人左右，人云亦云，这是认真对待每一天，实现职业理想的开始。

（2）立刻上路

当周围的喧嚣退去，你曾否认真思考过，有哪些事是你明知道不可为，或只需要稍稍做出改变就能够使生活的现状得到改善却迟迟未做的。你是否想过，从明天起就摒弃掉生活中的坏习惯，若是想过，就应该立刻去付诸行动。不要再让生命中那些错误的认知束缚自己的手脚，拖延你向前迈进的步伐。

事实上，无论多么详备精密的计划，只要不经实施，都只会像“海市蜃楼”般虚无缥缈、毫无作用。所以，如果你的脑海中冒出一些想法，确定想要去做某件事情，就不要犹豫太多太久，立刻上路！

至于能否取得成功，学过多少、想过多少、说过多少都不占主导地位，只有做过多少是决定性的。想法不落实到行动上都是无济于事的。

一切没有真正付诸行动的梦想，都只能停留在“梦想”最初的阶段。

这个世界不会因为你才华满腹、胸怀梦想，就让你轻易梦想成真；

也不会因为你激情洋溢、敢想敢为就给你无数的机遇。

我们每个人都有一条只能向前走的路，叫作时光，而不是“混日子”。

在这瞬息万变的世界，未来并不能够预测。

当别人在梦想的路上为了自己的未来辛苦打拼的时候，你依靠着父母的荫底，在旧体系中安逸度日并不保险。

毕竟，若是人为地与这个社会的变革脱节，一旦环境发生变化便很难适应，最终被时代抛弃。

迷途职返

人生如逆水行舟，不进则退，只有对自己的人生不将就，才能变得更优秀，对梦想不将就，它才会给你丰厚的回报。

所以，你原本可以过上更好的生活。

千万不要在奋斗的年纪选择了安逸。多一点迈出去的勇气。

3. 与工作谈恋爱，逃避是最无用的药方

有这样一位咨询者，她在一线城市上学后，留在当地工作了 3 年多，没什么起色，因为家人在南方的某省，于是回到了南方的 A 市，在 A 市工作了一年后，因公司需要调到南方的 B 市，在 B 市工作了 3 年，职业有所发展，但是没有形成自己的核心竞争力——做销售为主，但是销售能力一直没有突破，业绩一般。另外在人际交往上，一直没有建立起自己的人际关系圈——没什么朋友，如今还是一个人过。于是，她又换到了中部的 C 市工作——她想“换个地方也许会好一些”。然而，到 C 市工作了大半年，自己的工作和生活一样没有什么改善：工作上，业绩没有突破；人际关系上，缺少朋友——每天是公司、宿舍两点一线的生活。

在找我咨询时，她又想换城市——去一线城市广州工作，她觉得广州会有更多的机会、会结交到更多的朋友。

大家试想一下，如果她去了广州，她的工作和生活会有突破吗？

很难！

在南方A/B城市没有面对问题、解决问题，到中部C城市问题继续存在。

如果去了广州，问题还是存在——她从一个城市换到另外一个城市，只是在逃避。另外，从职业生涯规划城市定位的角度来说，不断地换城市，人际关系圈更难建立和维持。

小学的时候，我们学过一个故事——叫掩耳盗铃，逃避问题犹如这样，铃声不会因为自己捂住耳朵别人就听不见——问题不会因为自己逃避就会被解决。

所以，遇到问题、遇到困惑最重要的是先要积极面对，有勇气面对才是解决问题的开始，然后是分析问题——问题的根源在哪里，是什么原因导致了问题的产生？

工作上没有突破，首先是职业选择的问题（方向不对，再努力也可能会是事倍功半，所以说选择大于努力，做对的事情才会事半功倍）——是否选择了适合自己的职业，她最初选择的动机是“想通过做销售来提升自己社交和表达能力”。

职业选择的基础是要发挥自己性格的优势而不是重点去改正自己的缺点。

所以，这么多年，她一直在做不适合自己的职业，所以职业上没法突破很正常；如果工作选对了，那就是职业态度和能力的问题，一般来说，只要职业态度端正，职业能力会随着时间的积累而不断提升——提升的速度和你学习、实践的努力程度成正比，因为能力都是通过学习、实践和领悟得来的，都是从不会到会积累而来的。

有人做过这样的一个统计， 如果把英文字母 A 到 Z 分别编上 1 至 26 的分值数（即 A=1，B=2，C=3……Z=26），结果是知识（Knowledge）得到 96 分（11+14+15+23+12+5+4+7+5=96），努力（Hard work）也只得到 98 分（8+1+18+4+23+15+18+11=98），但态度（Attitude）得分为 100 分（1+20+20+9+20+21+4+5=100）。

可见，你生活的态度才是左右你生命的最重要的因素！

所以，不管你遇到任何不如意的事情，请用积极乐观的态度去面对！

我非常喜欢励志人物约翰·库迪斯在演讲中说的一句话：“不管你有多么的不幸，总有人比你更不幸。不要总是看到自己没有的，要看到自己拥有的东西，然后用自己拥有的去追求或创造自己想要的。”

在我们人生或职业生涯中遇到的问题和困惑通常有三种类型（见表 5-4）：

表 5-4　职业生涯中可能遇见的三种类型的困惑

职业生涯中可能遇见的三种类型的困惑	
困惑	分析
自己独立可以解决的	例如，职业态度的问题，只要自己积极主动就可以独立解决。而且独立可以解决的问题也只有你自己才可以真正解决
需要别人协助才可以解决的	例如，职业困惑的问题，在你的学习成长的过程中，你没有接受职业定位、职业转换、职业诊断、职业定向等内容的教育和培训，所以极大多数人都没有能力解决自己的职业困惑 另外，遇到这类问题，我们首先需要有一个观念——专业人做专业的事情。自己不专业就要花钱请专业的人士帮忙解决，就如一个人生病了需要花钱去找医生或营养师来治病和调理
自己没办法解决的 或者是人力不可为的	例如，汶川地震导致亲人的离去

不管是遇到哪类问题，我们首先需要去面对，积极去面对、勇敢去面对——这是解决问题的关键。如果逃避只会让自己进入一种恶性循环的窘境。当你勇敢去面对问题，问题就不再是问题了，如果是自己可以解决的，你就可以尽快去行动；如果需要他人协助的，你就可以找专业人帮忙；如果是人力不可以解决的，你就需要坦然接受！

★ 与工作谈恋爱，用爱的态度去工作

在咨询中，经常有人说："只要遇到我喜欢做的，就会用心做，我相信一定可以做得很好。"

真的会这样吗？

大多数人都应该有过恋爱经验。恋爱之初，你都会喜欢对方。当时，你也会这么想，你会对对方好一辈子。因为你喜欢对方，你愿意付出……例如热恋的时候，很多男生都愿意早起床去给恋人买早点，只要恋人喜欢的，都会尽量去满足。可是，这样的付出能够坚持多久呢？通常都不会坚持太久。

为什么是这样呢？因为你喜欢谁，你只是看到了对方好的一面。

例如，你喜欢某个女孩，因为你觉得她对于我们来说有魅力，也许是因为她漂亮、也许是因为她有爱心、也许因为她很聪明等。但是，你不得不承认，你喜欢对方是有条件的。

例如，希望和对方去亲吻、拥抱等。总之，你都希望得到才愿意去付出。喜欢仅仅停留在为得到而付出的层面。但是对方一旦拒绝你，绝大多数人都不会再去付出。

而爱不一样，有的男生即使女孩子拒绝他了，他也愿意无私去付出。这种人虽然很少，但却是存在。当然，爱不仅仅存在于爱情之间。世间最伟大

的爱莫过于父母对孩子的爱。我们当中应该有不少已经是为人父母了。我们都愿意不要回报地去为孩子付出。

所以当你喜欢某种工作时，并不能真正让你去持续付出。因为你喜欢的只是这个工作优点或这个工作所带来的好结果。

但是，如果你爱上了某种工作时，做这样的工作，即使不给你回报或者回报很小，你也愿意全心全意去付出。做这样的工作，你就会有一种非常好的心态，因为你知道只有付出才可以得到，你需要先舍后得，如果不舍就会不得。

婚前热恋的感觉不是经常有，婚后的平淡才是生活的本质。婚姻要持久，必须要夫妻双方懂得付出；职业要长久也需要你去付出；你做一份新工作时也许也会有热恋的感觉，但是任何工作做久了，其核心都是简单有效的事情重复做。关键是你要爱上你的工作。

热恋中你都不会轻易讨厌你对方，可是婚后，为什么有那么多人离婚呢？你面前的人还是以前的那个人，只是你的心态变了，婚前，你看到的是对方的优点，婚后，你看到的是对方的缺点。如果你再把对方的缺点跟同性中其他人的优点去比较，你会觉得对方一无是处。其实对方的优点还在，只是你把自己的注意力焦点聚焦在对方的缺点上了。

（1）心态是好的，工作就不会差

工作也是一样，你当初喜欢这份工作，是因为你只是看到工作的优点或看到工作给你带来的好处，例如，工作环境好、工作待遇不错等；你没看不到工作中会存在这样或那样的困难。后来，你越来越讨厌这份工作。是因为你只是放大了这个工作的缺点。任何工作都不可能让你 100% 满意，即有优点就一定有缺点。所以关键是你的职业心态。你的心态是好的，你的工作就不会差。

（2）爱上你的工作，接纳最大缺点

要想爱上你的工作，你就要学会接纳工作的最大缺点。就如你之所以讨厌自己的爱人，是因为你没有真正从内心深处去接纳爱人的缺点，尤其是爱人的最大缺点。如果你可以接纳最大的缺点，你就会很容易接纳小的缺点。所以，你可以把你工作中最大的缺点找出来，如果你确实不能接受，那你要尽早去换别的工作——免得自己受罪；如果你可以接纳最大的缺点，那你从今往后就不要再去抱怨，而用心去做好你的工作、爱上你的工作。

（3）态度也是有层次的

请你回答表 5-5 中的问题：

表 5–5　关于态度的自我测试

关于态度的自我测试	
假如你是某公司的一名员工，你现在换位成为这个公司的老板，作为“老板”希望从事你现在这个职位的员工是怎样的？把你的希望写下来	你希望：
把你希望的和现实的你对照一下，还存在哪些差距	差距：
对于你目前的职业，有哪些好的职业态度？有哪些需要改进的？如何去改进	① 好的态度： ② 需要改进的： ③ 如何改进：

态度好是做事情积极主动，态度好的得分为 80 ～ 99 分，所以即使同为态度好，也会不一样，因为你可以得 80 分、也可以得 90 分、95 分等。为了进一步区分态度好，可将其分为三个层次（见表 5-6）。

表 5-6　态度的三个层次

态度的三个层次	
层次	内容
积极主动做好分内之事	成为一名合格的员工，这样的员工也许别人不会喜欢你，但是不至于让人讨厌你。虽然得分不能得满分但是可以得 80 分，也属于态度好的员工
积极主动做好分内之事外还积极主动去帮助身边的人	成为一个公司受欢迎的人，这样的人应该来说，已经非常优秀了，不过，因为还有更高层次，所以这样的员工得分可以为 90 分
积极主动做好分内之事、积极主动去帮助身边的人外，还能够关注行业的发展并结识一些行业精英	还会利用自己的业余时间不断去学习提升自己的综合素质和能力。这样的人才是最优秀的人，他不只是把自己定位成一个好员工，他会以老板的心态去工作，因为他希望自己有一天也可以成为一个企业主

可见，即使态度好也是有层次的，你的定位决定了你的层次，如果你定位自己成为一名好员工，你就会成为一名合格的员工；如果你定位自己成为公司最优秀的员工，你就会有优秀的表现，如果你定位自己成为行业内的人物，你就会用最高标准来要求自己！

你以什么样的态度去对待工作，你就会具备相应的能力。如果你以最高的标准、最好的态度去对待自己的工作、自己的未来。你就可以成为行业的顶尖人物。

4. 人人都想远离职业失败，但核心能力的培养需要时间

苏芩[①] 说：

别那么多怀才不遇的抱怨，那说明你的能力还撑不起你的野心！

① 著名作家，历任媒体主编、国内多家电（视）台、平面媒体特邀顾问。

多少好苗子都败在了眼高手低。

别老羡慕人家有我行我素的资格，咱得先像傻子一样苦干，才能像疯子一样任性！

如果你想要在职业生涯中走得更远，必须要有能靠得住的东西。

金钱？权势？人际关系？

三者都不全是。

唯有你真正的核心能力才是最实用、最长久，最靠得住的东西，因为它永远不会被“偷”走。有一天，即使你的身外之物全部被掏空，只要你的核心能力还在，你就可以从头再来，再一次开疆辟土、创造属于自己的职业王国。

法国著名美女作家Francoise Sagan（弗朗索瓦丝·萨冈）在17岁那年就写出了在5年内被译成22种语言，全球销量高达500万册的著作《你好，忧愁》，文字经验老到，表达流畅自然——这就是她核心能力的体现。

想要远离职业失败，获得成功，只有规划是不行的，你还需要培养自己的核心能力，或者说是核心竞争力。

★ 远离失败的职业内力

在这里跟大家分享一个新的概念——职业内力。

职业内力包含三个要素——性格优势、理论知识、实践技能（见图5-4）。

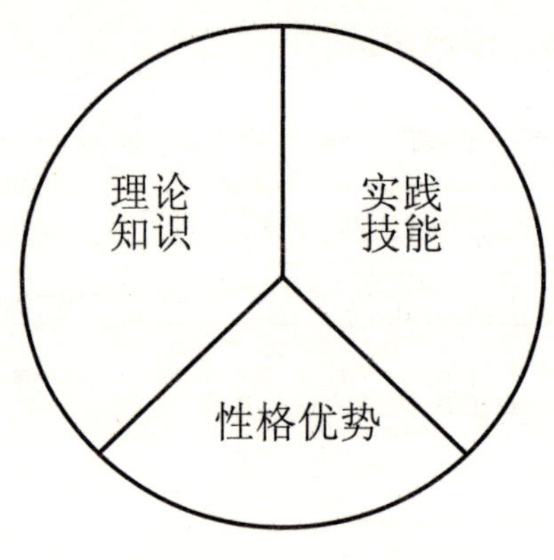

图 5-4　职业内力三要素

（1）性格优势

性格优势指的是一个人天生就具备的并经过后天塑造形成的一些相对的竞争优势。

例如，有的人善于思考，有的人善于沟通，有的人善于倾听，有的人善于执行，有的人善于观察，有的人善于创新，有的人善于开拓，有的人善于维持。要想形成自己的职业优势、增强自己的职业内力，其关键是先要明确自己的性格优势——你适合做什么，你做什么可以比一般人做得更好。如果你的职业是建立在自己的弱势上面，那你的职业将会很难发展，如果让一个喜剧演员去搞科研，估计他坚持不了几天，同样的让一个科学家去演戏，他会很尴尬。

那么，如何去发现自己的性格优势呢？

生命本身就是一个奇迹。每个生命体都是母体数亿卵子中的冠军和父体数亿精子中的冠军的结合体受精卵发育成长起来的。所以每个生命都是冠军中的冠军。世界 60 多亿人口当中找不到两个完全的生命个体，如果有两个完全相同的生命体，有一个必是多余的。所以我们都是独一无二的、都是很特别的、都是与众不同的，因为生命具有独特个性才会凸显出生命的价值、才会显得有魅力。所以不要把我们自己和他人进行比较，这样会降低自己的原有价值。

至于如何发现自己的优势，请温习前面关于“立定志向”的相关内容。当你清楚了自己的优势后，你就可以根据优势做职业定位和定向，然后就可以围绕定位和定向积累知识。

（2）理论知识

知识是没有重量的，你可以轻易地带着它们与自己同行，但你的生命是有限的，而知识是无限的，你有限的生命不可能获取无限的知识。所以你要明确自己的学习方向。学什么是由职业目标决定的，要实现职业目标需要学习的知识可以分为两部分：通用知识和专业知识。

一是通用知识：通用知识就是普通的知识、常用的知识。众所周知的知识，即“日常知识”。通用知识的学习在于生活中、工作中点滴的积累。只要用心生活、工作，通用知识就容易去积累。例如，与人相处的知识。如果一个缺乏通用知识，他就很难在一个群体里面发展。

二是专业知识：具体到某一个人要学什么专业知识需要与他的职业目标相结合。例如，你要成为职业经理人，你需要学习管理，如果要成为某一领域的专业人才，你就需要学习相关领域的专业知识，如果你想成为心理咨询师，就需要学习心理学。专业知识需要花大量时间系统去学习，例如，大学学习专业知识一般要 3-5 年。

当然，当你进入社会后，不可能像在学校里面一样有那么多集中的时间去学习，而是需要边实践边学习，利用业余时间去提升自己的知识，这也是很多人之间最大的差别所在，有的人一直充分利用业余时间提升自己，所以多年后他们获得了极大成长；而有的人荒废了业余时间，所以人生几乎是原地踏步。

仅仅学习知识，你的能力会很有限，就如很多人读了 4 年的大学后，觉得自己什么都干不了，是因为比知识更重要的是技能（注重实践）。

（3）实践技能

技能也包括两个部分：

一是通用技能；

二是专业技能。

通用技能是大家都需要用到的技能，例如，说话的能力、沟通能力、电脑使用的基本能力，基本的思考分析能力，基本的写作总结能力等。通用能力和知识中的通用知识对应；而专业技能是针对某一领域的特殊技能，例如，电脑工程师，他除了要懂得基本的电脑使用，还要懂得如何判断电脑故障产生的原因以及如何处理电脑故障；网络工程师不仅要懂得处理单台电脑的故障还需要处理整个网络的故障；职业生涯规划师不仅要懂得对咨询者过去职业的诊断——问题出在哪里？还需要提供解决问题的思路与方案。

专业技能与专业知识相对应。

注意：专业知识和专业技能确实很重要，但是如果缺乏通用技能，专业知识和专业技能的应用会受阻！

例如，一个专业人才不懂得与人相处，他就会被孤立，就会得不到重用。这也是很多天才怀才不遇的根本原因。

★ 修炼职业内功，提升职业内力

莫言① 说：“当你的才华还撑不起你的野心的时候，你就应该静下心来学习；当你的能力还驾驭不了你的目标时，就应该沉下心来，历练；梦想，

① 莫言：原名管谟业，1955 年 2 月 17 日出生于山东高密，是第一个获得诺贝尔文学奖的中国籍作家。

不是浮躁，而是沉淀和积累，只有拼出来的美丽，没有等出来的辉煌，机会永远是留给最渴望的那个人，学会与内心深处的你对话，问问自己，想要怎样的人生，静心学习，耐心沉淀。”

核心能力的培养不是两三天，它需要你付出大量的时间和精力去学习。针对上述内容，你可以从以下几个方面不断修炼，提升自己的职业内力！

（1）培养你的能力

知识和技能的核心是模仿——把别人的东西偷学过来让自己会，所以只要用心刻苦，知识和技能都可以学会。

能力是建立在知识和技能的基础之上，需要结合自己的性格优势、激发自己的潜能才可以获得，能力培养的核心是领悟、创新。

所以，知识和技能是大家的，能力才是你自己的。

知识和技能就像职业的左右手。有了知识做理论基础，技能就容易提升；技能的提升促使我们进一步去学习知识。

而你天生的优势才是职业发展的核心——它是职业的大脑。发挥你的优势才可以培养你自己的能力，这样我们的职业内力就会很强大。

（2）专注你的核心能力，即核心的职业内力

专注核心需要懂得交换，有些人什么都想做好——通常什么都做不好，因为一个人的时间和精力是有限的，我们只有把自己的时间聚焦在我们的优势上，并不断去积累知识、提升技能，我们才会在核心上形成进一步的优势。

经济社会就是一个交换的世界，当我们遇到自己不擅长的，就需要借助于别人的经验去为自己服务。

最简单的方式就是用钱去获得你所想要的。这是最小的投资——我曾经听一个网络营销专家说“用钱去换别人的经验是最智慧的投资”。

所以，你需要专注培养自己的核心能力，然后用自己的核心能力去赚钱。

用赚到的钱去交换所要的东西、去满足自己的需要，而不是分散自己的精力和时间去在不擅长的领域傻傻地投入。

对于你来说，你拥有的核心能力是和你专注核心所付出的时间成正比的；相对于他人来说，你专注核心的时间越长，你就越容易在自己的核心能力上获得相对优势！在这里，给大家介绍一个 1 万小时理论——一个人在某个领域专注投入 1 万小时，他就可以成为这个领域的专家、内行。这一万小时不是你按你上班的时间来算的，而是你真正用心投入这个领域去学习、去实践、去领悟的时间。

总之，你所有的知识和技能都是从不会到会的一个积累过程，从不会到会都是通过学习和实践得来的。知识通过学习获得——可以通过自学、培训和学校教育获得，通常培训可以获得职业资格证，学校教育可以获得学历证；技能需要边实践边学习边思考总结去获得，知识本身没有什么价值，运用知识去实践创造价值，知识的价值才得以显现；而能力需要发挥自己的性格优势去创新和领悟才可以得到。所以要想不断提升自己的核心能力，就需要做好 3 点（见表 5-7）：

表 5–7　培养核心能力的方法

培养核心能力的方法	
方法	具体行动
做到老，学到老	在学校学习不是结束，而是真正学习的开始，学校学的仅仅是知识，进入职场后通过学习、实践和领悟获得的是能力

续表

培养核心能力的方法	
虚心请教	请教你的上司、同事、行业内的资深人士，尤其是职业初期，我们需要师父去领路
不断思考、总结经验和教训以及创新和领悟	学到的知识和技能只能让你成为优秀，而自己领悟到的能力才可以让你卓越。当你有了能力才容易去积累你的资源

最后，请认真填写表5-8并付诸实践。

表5-8 培养职业内力的计划

培养职业内力的计划	
计划	具体行动
为了培养你的职业能力，你需要积累哪些知识。提升哪些技能，需要在目前的岗位上进行哪些创新	要积累的知识（含通用、专业知识）
	要提升的技能（含通用、专业技能）
	要进行的创新

途迷职返

当你不断地学习、实践和领悟，你就有可能在这个领域出类拔萃、卓越非凡，那你就会变得稀缺、变得超值、变得不可替代！

然而，有很多人在生涯征途的路上，总是抱怨迷茫、没有方向，抱怨老天没有给自己一条康庄大道。实际上，这并不是因为没有方向，而是因为没有足够的力量让自己沿着这个方向大步向前。如果你的能力有限，能力撑不起你的梦想，那就先静下来，扎进深厚的土壤中，汲取营养。即便不能成为猎豹，也努力成为一只高贵优雅的麋鹿，起码人见人爱。

5. 积累资源，在没有终点的职业旅程上一路向前

当你具备了核心能力，是不是一定可以获得职业成功呢？答案是否定的。职业成功除了核心能力还不足以让你形成自己的核心竞争力，还需要有外力。即外部资源。

卡耐基曾经说过，一个人的成功15%靠能力，85%是靠人际关系。

当然，这句话的重点是强调人际关系的重要性，实际上，如果你缺乏15%的能力，你的人际关系会很难建立，即使有了人际关系，你也不见得用得上。例如，职场上有些缺乏能力只喜欢溜须拍马的人，他们看上去很善于处理各种人际关系，但是因为自己没什么能力而不会被重用，所以能力和人际关系都重要，而且是先有能力，后有人际关系。职业资源除了人际关系，还有一个很重要的资源——就是金钱。例如，你裸辞后有足够的金钱支撑自己，那么找工作会比较从容。而很多人辞职后，因为金钱的压力，导致自己匆匆忙忙找工作——这样，通常很难找到满意的工作。

所以，仅仅有能力你不一定可以做成事情，有些事情必须要整合人际关系和金钱资源才可以做成。你的实力就是你能力和资源的合二为一。

★ 人际关系资源——画一幅你的职业人际关系图

如图5-5所示，你的职业人际关系可以分为两大部分：

圈内的是你企业内部的人际关系，圈外的是你企业外部的人际关系。

在此我们重点谈跟你职业有关的人际关系，关于人生的人际关系（包括

职业人际关系和生活中的人际关系），这里不做介绍。

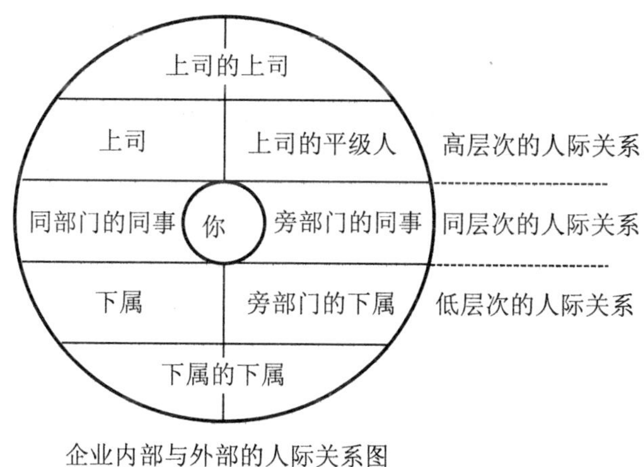

图 5-5 你的职业人际关系图

图 5-5 包含了你职业中的所有人际关系。

一般中小型企业的人际关系只有三层（老板、部门经理、普通员工），大一点的企业会有多余三层的人际关系。

总之，你的人际关系都在圆圈以内——你的同级有同部门的同事和其他部门的同事；你的下属有直属下属、其他部门的下属以及下属的下属；你的上司有直属上司、上司的平级人以及上司的上司。

企业外部的人际关系，比较复杂。尤其是，如果你更换过多次工作以后。但是我们可以把企业外部的人际关系分为三个层次——高层次、同层次以及低层次的人际关系（比自己层次高的为高层，与自己同层次的为同层次，比自己层次低的为低层次）。

除此之外，在你的整个职业生涯中，通常需要三个贵人：

一个人的职业生涯会遇到很多帮助我们的人，但是有三个非常重要的人——我们暂且称为贵人！

第一个贵人是帮你明确职业方向的人。

可能是规划师、行业资深人士等。一个人最怕的就是没有方向，没方向那么到处都是我们的方向，我们就会盲目选择，就可能像“南辕北辙”的主角一样，越努力、离自己的目标越远。“选择在前，努力在后”。人有了方向，只要我们脚踏实地的一步一步往前走，积跬步，就可以至千里！

第二个贵人是领我们入行的师傅。

师傅通常都是你的上司（可能是老板、部门经理或部门主管）。如果你刚入职的职业有专业基础（职业与你的专业相匹配，很多人的第一份职业都没有延续自己的专业去谋职），那么你就具备了一定的专业知识，但是学校和社会之间有一条鸿沟——尤其是新兴的职业，学校学习的知识可能落后行业知识很多年。

所以，入职后需要重新学习、提升自己的专业知识。

当然仅仅有专业知识还不够，你还需要有专业技能和行业的经验助你形成自己的核心职业能力。

这些对于一个大学毕业生，通常都不具备。

那么，你就需要有师傅带。遇到不懂的你就需要去请教师傅。所以在职场中处理好与上司的关系尤其重要。

有一个好的师傅带你入职、入行、领你前行，你会比别人成长更快。

当然，师傅领进门、修行在个人。除了师傅的带，你自己也需要努力学习，边实践和边领悟——职业初期，你的成长才是最重要的。

另外，在职业生涯中，你的师傅可能不止一个——如果你进行了职业转换，你就有可能需要多个师傅领路。

师傅可以提升你的职业技能，而规划师是帮你发现自己的天赋、找到适合你的职业，让你发挥自己的优势，这样你不仅可以快乐工作、高效工作，还可以快速成长、成功。而这两个人，通常都不可以合二为一。

第三个贵人是与你职业相似的行业顶尖人士。

他是你的榜样、标杆，是你追求的方向。有这样一个人，你就会有职业方向和动力；如果没有这样一个人，你可能会安于现状、迷失方向。如果你能够找机会去拜访这样的顶尖人士并事先准备一些要了解的内容去请教他。

那么，他的经验和教训会让你从容面对自己的职业生涯。当然，行业的顶尖人士也不止一个。你可以选择自己欣赏的那一位！

2008 年北京奥运会，斯库林只是一个 13 岁的孩子，他见到了自己的心中的偶像美国巨星迈克尔 - 菲尔普斯并和他合影留念。

通过 8 年的努力训练，8 年后，他战胜了自己的偶像获得了里约奥运男子 100 米蝶泳的金牌。

顶尖人士也是普通人，他毕业的时候和我们毕业的时候都差不多。他之所以可以成为行业的顶尖，一是他有一个正确的职业方向（也许他曾经也有规划师），二是他在不断努力提升自己的能力和实力（他曾经也会有师傅）；三是他一定在这个行业专注了很多年！

读万卷书，不如行万里；行万里路，不如阅人无数；阅人无数，不如名师指路！这三个贵人都是你人生的老师——规划师为你找到合适自己的路，师傅带你提升职业能力、领你上路，行业顶尖人士为你职业方向引路！

要建立好自己的职场人际关系网，你需要思考三个问题：

- 一是你需要谁或者谁可以帮到你？
- 二是谁需要你或者你可以帮到谁？
- 三是你们之间是否彼此需要？

如果你想在一个企业内生存和发展，你需要思考上面的三个问题。

结合职场人际关系图（见图 5-5）来分析：

同部门的同事需要相互协作，所以彼此需要，所以有必要经常联系；

你的上司是你的直接领导人，如果你是初入职场，他还是你的师傅。所以你需要他，当然他也需要你去配合。

如果你已经是一个管理人员——你就会有下属，你是下属的领导人、师傅，你也需要下属的配合。

上面的三种人是你企业内部人际关系的核心。

因为他们和你之间的需要是彼此的、而且是当下的。至于其他的人际关系关系，你只要去关注就好。

注意，在企业内部不要越级报告或越级领导；也不要在企业内部搞恋爱关系、更不要在部门内部搞婚外情。为什么不要这样做，你懂的。

企业外部的人际关系，我们现在的通俗说法就是圈子。

通常你的圈子对你的职业影响也非常大，有一句话说得好，你想成为什么样的人，你就需要跟什么人交往，反过来，你经常跟谁交往，你就可能成为他那样的人。

我的建议是，多跟同层次的人交往；如果彼此有需要可以尽量去和高层次的人交往；尽量减少和低层次的人交往（当然你可以关注，如果你发现潜力股，可以找来帮你。）也许你会想，首选应该是跟高层次的人交往。前面说了，有彼此需要才有人际。你想多跟高层次的人交往，只是你个人的想法，高层次的人一般不会需要你。

所以，不要把过多的精力去建立高层人际关系上（如果要介入高层，最好的方法是先和企业内部的高层建立好关系，然后借这些高层引荐你进入企业外部的高层）。

另外，同层次的人经常交流，可以深入沟通、轻松畅谈。而通常情况下，我们和高层次的人在一起会觉得有压力，很多想法需要三思而后语。所以彼此有需要才是建立人际关系的基础。

除了上面我们说的之外，彼此需求是人际交往的基础外，建立人际关系、积累人际关系有三大关键。

（1）专注定位

关于定位的内容，我们已在前面章节详细讨论过。包括定你的志向、定你的工作地点、行业、岗位、公司以及设定你的职业路标。

不过，岗位、公司以及职业路标随着职业的发展会有些变化和调整。

但是我们的志向、工作地点、行业尽量不要变，需要专注。

因为这三个方面属于宏观的、战略的定位。

例如，你从一个城市换到另外一个城市，你已经建立的人际关系一定会随着时间、空间的变化而慢慢削弱；你从一个行业换到另外一个行业，你之前行业的人际关系也会慢慢流逝；例如你之前立志要做一名医生，工作 5 年后，你要改变你的志向去做一名会计师。

这样的改变也意味着你要远离之前积累的“医学界”的人际关系。

所以，需要专注定位，只有专注定位，你的人际关系才容易去积累。

如果你的职业发展到一定的阶段，可以突破行业和工作地点的限制后，你就可以跨行业、跨区域去发展，如果你觉得自己有更大的志向去自我实现，也可以去突破。

（2）不断成长

人际关系不是主动联系出来的，而是我们自身的魅力吸引过来的。你永远是人际关系网的交集点。如果你不行，那么你就不会被人他人需要或者不容易被他人需要，所以你拥有的可能只是一张空网——对你的职业成功不会有什么帮助。

所以，拥有能力是建立人际关系的根本。要在专注定位的基础不断成去长——提升你的能力和培养好的品德，让自己成为一个德才兼备的职业人。

（3）努力付出

努力付出首先需要有职业化的态度，即要有敬业精神。

如果你连自己的本职工作都不努力去做好、不用心去做好，那你就缺乏建立人际关系的基础。这样的结果，通常是你很容易被炒鱿鱼。

其次，你需要有职业化的能力，很多事情，你想做好，但是你的能力有限。

所以，仅仅有好的职业态度远远不够，我们还需要有很强的职业能力。

只有这样，我们才可以真正做出好的结果来。

最后，你要主动去发现并满足你需要的人的需要。

这种需要不仅仅是工作上的还包括生活上的。

因为对一个人来说，工作和生活是必不可分的。需要有两种，一种是情感需要，另一种是利益需要。

在职场上是以利益需要为主、情感需要为辅。利益需要的最终目的是彼此共赢。

例如，上司需要你帮他去完成部门的目标，你需要上司的指导。情感的需要主要体现在关心对方的生活。这样彼此更容易相互信任。这样可以加强在工作中的协调配合。

最后，请完成表 5-9：行业内的人际关系对你的工作有需要；行业外的人际关系对你的人生有需要。

表 5–9　行业内外的人际关系需求

	重要人际关系的姓名	你需要他什么	他需要你什么	你准备做哪些付出
行业内				
行业外				

★ 资金资源——管理好你的金钱

如果你已经具备了较强的能力和较好的人际关系资源，那么你就可以赚到不少钱。

但是很多人赚到的钱都被自己乱花掉了，所以赚到的钱不是不花而是要合理花费，正确消费。

所以你的金钱需要管理——钱少的，少花点时间管理；钱多的，多花点时间管理。

关于金钱的管理你可以去阅读《新规划》的 51-59 页。

职途迷返

有了人际关系和资金资源，你才能在没有终点的生涯征途上一路向前！

6. 给生命更多可能，偏执的人总能最早看见前方的光

在知乎上，我看到这样的一个故事。

他 35 岁，曾经是一名很资深的手机硬件工程师，先后在索爱、诺基亚和黑莓待过。后来因为黑莓自己发展不好，更因为行业格局发生了巨大的变化。于是，他被裁了。之前绝大部分手机品牌厂商都是要自己设计芯片和电路，所以，他的角色非常重要。但如今手机底层的硬件解决方案，已经不再需要品牌厂商自己做，而是由芯片厂商如高通、Intel 等少数几家巨头级芯片商根据需求统一设计好几套可通用的解决方案提供给品牌商，品牌商们则只需要做好外观、界面等设计即可。这意味着，各大品牌商已经不再需要他这样的人。当然，高通和 Intel 是需要的，但高通和 intel 的相关员工，80% 都在美国，整个亚洲地区，对于他这样的人才需求一共加起来可能就几百人而已，还基本都集中在台湾地区。于是，一个在自己的领域里专注深耕了十几年时间的顶级手机硬件工程师，顿时没有了自己的用武之地。他的感觉是自己被时代抛弃了。

他从黑莓出来后，跟几个朋友一起创办了一个美食品牌，因为不懂商业，他做得不好。现在经常出没于创业小圈子，每周他会去中关村创业大街一带见见人，聊聊想法，碰撞碰撞思路。但一年下来，他自己还是不知道该从何入手，不知道该去做点什么。

★ 未来不可预测，给生命更多可能

给生命更多可能，包括对可能性和不可能性的分析。

（1）你有哪些可能

据了解，在很多外企、大公司里，像他这样的人，并不在少数。在北京就有近 30 万人。

所以即使你目前在某个领域做得很不错，你也需要经常思考两个问题：

一是你目前的职业还可以持续发展多少年？

二是如果你不做目前的职业，你还可以做什么或你还可以有哪些可能发展的职业？

如果你之前缺乏职业生涯规划，那么 30 岁之后可能会进行一次大的职业转换。例如我自己在近 30 岁的时候做过一次大的转换，在 35 岁的时候又做了一次大的职业转换——开始涉足职业生涯规划领域。知名的职业生涯规划师程社明老师在《你的船你的海》中说道：

一般来说，开始主动地、有意识地努力寻找职业锚（简单来说职业锚就是你生涯最佳的职业定位）的平均年龄是 35 岁，找到职业锚的平均年龄是 40 岁。我个人觉得随着时代的发展、互联网的普及，这个年龄会提前到 30 岁左右。

当然，每个人的情况都不一样做职业转换的年龄也会不尽相同。但是在职业中期，我们都有可能需要进行职业转换。所以我们需要有这种意识，需要提前做好相应的准备。不要等到自己被淘汰了，再去盲目找事情做。这样就会很被动——我们需要提前去做准备、去预防职业危机。要想获得职业成功，你需要全面衡量，给生命更多可能。即使在伸手不见五指的暗夜，也要努力追寻那一束充满希望的光亮。

（2）你有哪些不可能

在 30 ～ 50 岁这个年龄段，在商业领域是职业成功的高峰期。

大家很容易有这种心理倾向：成功了，觉得是自己的聪明、天赋、努力获得的结果——是自己的功劳；失败了，把失败的因素归结于外在的环境。

例如，十余年前，我自己创办了武汉人和科技公司，做得很不错。当时，以为自己什么都可以做成功，三年后竟然直接把运营不错的公司关掉去做直销。

事实上，我并不适合做直销，结果没做起来。

所以，不要因为自己事业有成就就自信心膨胀，以为自己很了不起、什么都可以做。职业发展有其规律，违背了规律你就会失败。

人之所以能是因为相信能、一切皆有可能，这只是感性的、激励性的语言。人类 100 米短跑可以突破 10 秒，但是不可能在 1 秒之内跑完。成熟的人不仅要清楚自己有哪些可能性，还需要清楚自己有哪些不可能——明确自己的不可能就可以抵制外在的诱惑。

★ 职业成功不等于幸福，了解幸福的真谛

正确评估了你的可能性与不可能性，你就更容易获得职业成功。但问题是，职业成功不等于幸福。很多人往往在职业成功的瞬间以为自己收获了人生中最大的幸福，导致心态失衡。

1988 年 4 月，24 岁的霍华德·金森是美国哥伦比亚大学的哲学系博士。

他毕业论文的课题是《人的幸福感取决于什么》。

为了完成这一课题，他向市民随机派发出了一万份问卷。

问卷中，有五个选项：

- A 非常幸福；
- B 幸福；

- C 一般；
- D 痛苦；
- E 非常痛苦。

历时两个多月，他最终收回了 5200 余张有效问卷。

经过统计，仅仅只有 121 人认为自己非常幸福。

霍华德·金森对这 121 人做了进一步地调查、分析。

他发现，这 121 人当中有 50 人是这座城市的成功人士，他们的幸福感主要来源于事业的成功。而另外的 71 人，有的是普通的家庭主妇，有的是卖菜的农民，有的是公司里的小职员，还有的甚至是领取救济金的流浪汉。

这些职业平凡生涯黯淡的人，为什么也会拥有如此高的幸福感呢？通过与这些人的多次接触交流，霍华德·金森发现，这些人虽然职业多样性格迥然，但是有一点他们是相同的。那就是他们都对物质没有太多的要求。他们平淡自守，安贫乐道，很能享受柴米油盐的寻常生活。

这样的调查结果让霍华德·金森很受启发。

于是，他得出了这样的论文总结：这个世界上有两种人最幸福。一种是淡泊宁静的平凡人，一种是功成名就的杰出者。

如果你是平凡人，你可以通过修炼内心、减少欲望来获得幸福，如果你是杰出者，你可以通过进取拼搏，获得事业的成功来获得更高层次的幸福。他的导师看了他的论文后，十分欣赏，批了一个大大的“优”！毕业后，爱德华·金森留校任教。

一晃，二十多年过去了。如今，爱德华·金森也由当年的意气青年成长为美国一位知名终身教授。2009 年 6 月，一个偶然的机会，他又翻出了当年的那篇毕业论文。他很好奇，当年那 121 名认为自己“非常幸福”的人现在怎么样呢？他们的幸福感还像当年那么强烈吗？

他把那 121 人的联系方式又找了出来，花费了三个月的时间，对他们又进行了一次问卷调查。调查结果回来了。当年那 71 名平凡者，除了两人去世以外，共收回 69 份调查表。这些年来，这 69 人的生活虽然发生了许多变化：

他们有的已经跻身于成功人士的行列；有的一直过着平凡的日子；也有的人由于疾病和意外，生活十分拮据。但是，他们的选项都没变，仍然觉得自己“非常幸福”。而那 50 名成功者的选项却发生了巨大的变化。仅有 9 人事业一帆风顺，仍然坚持的当年的选择——非常幸福；23 人选择了“一般”。有 16 人因为事业受挫，或破产或降职，选择了“痛苦”；另有 2 人选择了“非常痛苦”。

看着这样的调查结果，霍华德·金森陷入了深思，一连数日，霍华德·金森都沉浸在自己的思绪当中。

两周后，霍华德·金森以《幸福的密码》为题在《华盛顿邮报》上发表了一篇论文。

在论文中，霍华德·金森详细叙述了这两次问卷调查的过程与结果。

论文结尾，他总结说：所有靠物质支撑的幸福感，都不能持久，都会随着物质的离去而离去。只有心灵的淡定宁静，继而产生的身心愉悦，才是幸福的真正源泉。

无数读者读了这篇论文之后，都纷纷惊呼：“霍华德·金森破译了幸福的密码！”这篇文章，引起了广泛的关注。《华盛顿邮报》一天之内六次加印！在接受媒体采访时，霍华德·金森一脸愧疚：20 多年前，我太过年轻，误解了“幸福”的真正内涵。而且，我还把这种不正确的幸福观传达给了我的许多学生。在此，我真诚地向我的这些学生致歉，向“幸福”致歉。

几年前，网上有这样一则报道：

8 年来，我国有 72 位亿万富豪死于非命！ 19 人死于疾病，17 人自杀，15 人他杀，14 意外死亡……另外，深圳企业家服务处显示，特区成立以来，自杀的企业家超过 1200 人，英年早逝的企业家超过 5000 人。仅仅从职业的角度来说，这些企业家都是成功的。但遗憾的是他们没有平衡去发展——自杀是因为心理不健康、疾病是因为忽视健康、他杀是因为没有处理好人际关系得罪了他人。

职业成功是实现既定的职业目标，人生成功是满足生命的需要。

所以，职业成功不等于幸福。要想幸福，我们需要在追求职业成功的同时去平衡满足生命的六大需要。

接下来，请你根据生命六大需要的满足程度给自己评分（满分 10 分），并参考图 5-6——在图 5-7 中把你的评分结果描述出来并将各个得分点用平滑的曲线连接起来——看看你目前的人生状态并回答下面两个问题：

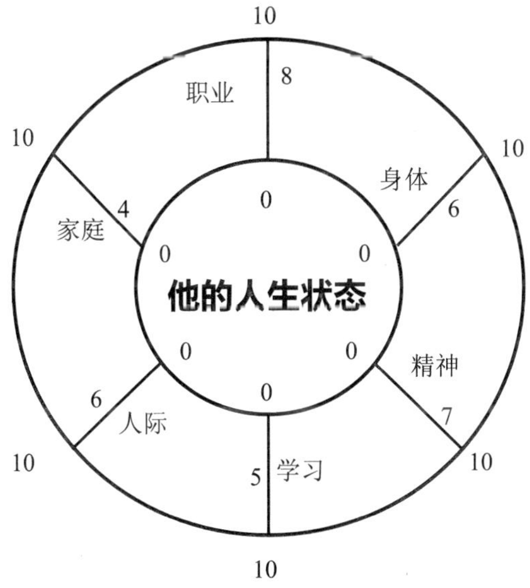

图 5-6　他的人生状态

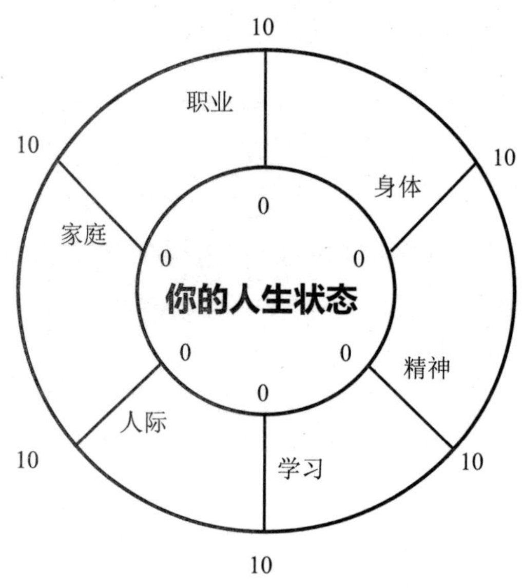

图 5-7 你的人生状态

问题①

六大需要，你有哪几个方面做得比较好：

问题②

六大需要，你有哪几个方面需要改进及如何改进：

根据上述问题，为自己描绘一幅幸福曲线图。

见图 5-8，左侧 +10 和 -10 分别表示最高幸福指数正 10 分和最低幸福指数负 10 分，图中的横坐标表示年龄。

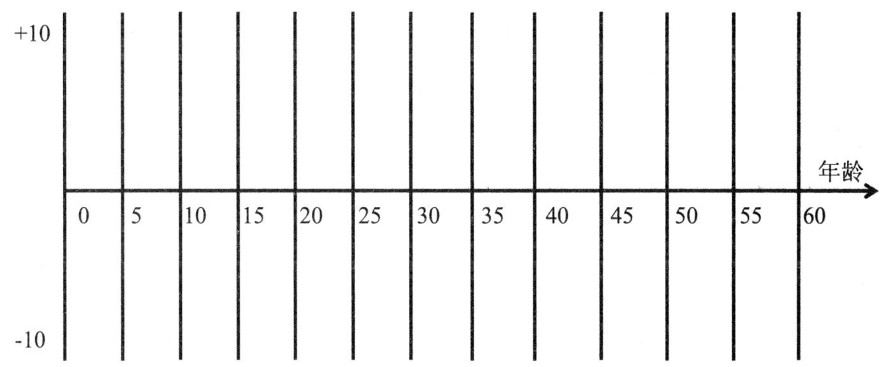

图 5-8　你的人生幸福曲线图

下面请根据自己的情况完成以下操作：

① 在上图中竖线上描绘出自己相应年龄的幸福指数——例如你 5 岁的时候幸福指数是 8，就在 5 岁年龄对应的竖线上正 8 分的位置描绘一个点，以此类推——描绘出你人生过去的所有竖线对应的点。然后从 0 开始将你人生不同年龄的点用平滑的曲线连接起来。即可获得你过去人生的幸福曲线。

② 根据同样的原理：请你根据自己的设想描绘出你未来人生的幸福曲线。

人生需要平衡去发展，在发展职业的同时，不要忽略你的其他需要。因为生命的需要之间会彼此影响。如果你没有一个健康的身体，就没有足够的本钱去征战；如果你没有美好的婚姻和家庭做支撑，你就会缺乏去征战的动力；如果你没有充分利用业余时间去学习成长，你的征战就会缺乏后劲！如果没有和谐人际关系和金钱去支持征战，你的征战就会变得孤立无援，并缺乏后勤保障；如果你没有一颗健康的心，你拿什么去征战呢？

要想职业成功，你需要发现并发挥自己的优势；同时，我们也需要了解自己的限度——盲目的自信也是一种盲目。

另外，职业成功不等于人生成功，平衡满足生命的六大需要才可以收获幸福！

7．逆风中飞扬，平凡中成长，成功总要拐几个弯才来

“我们向上帝祈求成功，他却给我们挫折；我们走过了挫折就拥有了成功。”

★ 什么是真正的成功

成功是达成你自认为有价值的目标。11 岁的中国男孩杜兆泽川在超级演说家说自己 5 岁的梦想是成为未来的领袖！NBA 运动员把总冠军作为自己的最终目标；雷殿生把徒步中国作为自己的梦想成为了现代的徐霞客。

成功的终极目标是获得内心安宁：一个人的成功不仅仅是外在的名利和权势而是内心的安宁和富足。无论你是谁，不管你有多少财富，不管你名声有多显赫、地位有多高、权力有多大。如果你的内心常感不安，那你就还没有真正成功。

成功是追求“自我目标”的过程：每个人都希望获得美好结果。如果没有美好的过程就不会有美好的结果。职业成功也需要赢在职途、赢在职业路上，那么成功就会水到渠成。

成功有三层次：

（1）自我完善

自己承认自己的价值，从而充满自信和幸福感；

（2）助人完善

社会承认个人价值，并赋予个人相应的酬谢，如金钱、地位、名誉、权力等；

（3）留下精神遗产

活着的时候，我们不断完善自我并助人完善，死后就会留下精神遗产。

以上都是我认知的成功。

最重要的是，对于你来说什么是成功，什么目标是你认为重要的、有价值的、感兴趣的。

只有追寻自己内心的渴望目标并实现它，才是属于你的成功！

★ 我创业，我征战，我自由

首先，你想象一下，以你个人的感受，你觉得什么样的人是职业成功的？

当然每个人的出生环境不一样结果会有一些差异，例如有做官背景的家庭会认为官位越高职业越成功，有创业背景的家庭会认为创办的企业越大越成功。

再思考一个问题——为什么一幅名画的原作值几百万。而临摹的一模一样的复制品，却只值几十元？

职业成功一定和“创”这个字有关。

创是创新、创是创业，例如，当官的如果没有创新，他的官位一般都不会有很大的提升；

如果创业者没有创新，他创办的企业很难做强做大。

所以，那些成功的创业者一定在创新，如果要持续创业成功，那么一定会持续创新。成功的秘密是不管你是就业还是创业，创新才是职业成功的关键——决定你成功的高度和上限。

对于就业者（包括在企业或事业单位、政府部门的人）来说，需要在自己的工作岗位上去创新——不过对于企事业单位的中下层，首先要有很强的执行力，真正的创新开始于你达到企业的管理或领导层。每个人都从事不尽相同的岗位，所以具体如何在自己的岗位上创新需要因人而异。

不管是就业还是创业，都可以获得职业成功，但是如果一个人一生不尝试创业（不一定是单打独斗，可以和他人合作创业），我觉得人生会有缺憾。因为就业，即使你做到总经理，还是会受到董事长、董事会等的约束，通常，尤其是在国内，再优秀的职业经理人，他也很难掌控公司的财务权和人事权。唯有自己开始创业，来一次心灵自由的征战，才可以尽显你的豪气、智慧、才干……

回顾我二十余年的职业生涯，我做过底层的挖矿工，做过基层的工厂普工、业务员、技术服务人员、采购员、门店销售、渠道销售；我也做过中层的采购主管、门店经理，还做过高层的职业经理人。但是真正让我觉得征战成功的是我开始创业，1998 年有了创业的萌芽，1999 年尝试创业——还没开始就胎死腹中；直到 2001 年重新尝试，2002 年创办公司，一直到现在，我一直行走在创业的路上。虽然在这趟征途中，我做了几次职业转换，也遇到过不少困难和问题，虽然我也没有取得多大的成就，但是我享受创业征战的过程。因为我创业、我征战、我自由，我可以跟从心灵深处的声音去征战。虽然创业有风险，但创业的体验真是感觉不一样。我喜欢创业、我热爱创业、我享受创业。在未来的职业生涯，我会继续像一位无畏的战士一样去创业、去征战。

朋友们，你也可以在适当的时候进行创业，来一次心灵自由的征战！

关于职业成功每个人都有自己的理解，接下来我给你分享职业成功的三个层次（见图 5-10）：

表 5-10　职业成功的三个层次

职业成功的三个层次	
层次	具体行动
下君尽己之力	尽自己的能力去工作：下君通常是就业者中的基层员工或单独创业的准备阶段。因为他们只知道尽己之力，而个人的力量是有限的，所以他们很难取得好的成绩或成就
中君尽人之力	借助他人的力量来为自己工作：中君通常是找“下君”为自己工作的人。因为他们懂得借助他人的力量来为自己工作，所以他们可以取得较高的职业成就
上君尽人之智	集思广益、发挥众人的智慧共同去创造美好的未来： 上君通常是找“中君”为自己工作或和中君以及其他上君合作的人。这种人不仅善于借助他人的力量，还善于借助他人的智慧来成就自己的事业。所以，他们都可以获得伟大的成就

职业本身没有贵贱之分——自己喜欢的职业就是最好的职业。

但是职业成功是有层次的——尽己之力是下层、尽人之力是中层、尽人之智是上层。

在人生职业追求的过程中，我们有可能要经历职业成功的三层次——刚开始工作的时候，我们要尽己之力，慢慢就会懂得尽人之力，最后我们才会懂得尽人之智。

正因为成功来之不易，追求的过程才令人更加着迷。不管你此前经历过什么或正经历什么，在开启职业生涯大门的一刻就要做好准备，全力以赴，哪怕一路逆风。

★ 逆风中飞扬，平凡中成长

在网上看到过这样一则新闻，说的是一个身残志坚的女孩子的感人故事。

她家境贫困，从小就梦想成为一名丹青高手，用自己的双手绘最美的图画，可是命运之神残酷地夺取了她的双手。

在一段短暂的迷惘沉寂之后，她迅速振作起来，学着用双脚绘画，以她对绘画执着的悟性，掌握了绘画的技术。

但是要想成为一名艺术家，不经过正规教育的熏陶肯定不行，她深知个中道理。

为了能进入高等学府深造，她每天抽出时间徒步到离家几十里的一个旅游景点，用各种彩线编出小工艺品出售，她计划用二到三年时间攒足学费。

她的经历感动了社会各界人士，很多好心人要资助她，圆她求学之梦，但她依依婉言谢绝。

有一天，一个外地阿姨带着几万元现金要支持她上学，她拒绝不掉，只好迅速逃离现场。

结果那个阿姨追了 500 多米，终于追上她，很生气，觉得她不应该这样倔强，善意的帮助有何不可接受？

但最终，女孩还是拒绝了。

她希望通过自己的努力，走进梦寐以求的学府。

又过去了几年，女孩成功举办了个人画展，作品的风格和魅力引起了业界的广泛赞誉。

无疑，这名女孩正通过自己的努力走向成功，而且她脚下的道路也会越走越宽，因为再大的困难和挫折，都不会压垮她、打倒她。

而她追逐梦想的意义也在不断升华，面对人生和未来，总有一天，她会露出“蒙娜丽莎”的那天使般的微笑，真正拥有强大的内心。

在现实中，我遇到过不少咨询者，总是在自己遭遇各种困难的时候不愿再起身向前，总是在自己不小心跌倒的时候，认为自己的人生已经到了绝境。

这些人经常会在追梦的某段路上，不知道自己应该往哪里走，像是一片落叶都能阻碍自己迈出前进的脚步。我们经常会将自己遇到的一些小困难扩大化，扩大到像是能够立刻要了我们的命。殊不知，一旦停下脚步也就意味着选择了向人生妥协，结局自然是失败。

你无法预知未来会发生什么，也不知道究竟会有怎样的结局在等着自己，但是只要你不惧怕困难，不抛弃梦想，就有足够的勇气在漫漫的职业生涯中继续战斗，逆风飞扬！

迷途职返

每个人都是天地蜉蝣、沧海一粟，像尘埃一样微不足道；每个人都是匆匆过客，像流星一样划过天际。如果你随波逐流，胸无大志，那便枉然一生。

真正的勇士，敢于正视现实，敢于直面人生。

让梦想之火熊熊燃烧，让职业生涯的意义不断放大，只要你还在战斗，就没有理由提前判自己出局。

后　　记

享受征战的过程，把荣耀献给未来

几年前，我就开始在为创作这本书做准备，在我的QQ空间里面，有200多篇原创的文章，记录了我多年的咨询实践经验，时至今日终于完成了本书的创作。在这个征战的过程中，我是充实的，我是心安的，我是在享受。当然我也希望这本书可以大卖，从而可以帮助更多迷茫的朋友远离迷茫。对于我来说，我用心了、我征战了、我付出了，我就问心无愧。不要斤斤计较征战所得的荣耀，你可以把荣耀献给未来。

莎士比亚曾说过："人生就是一部作品。谁有生活理想和实现的计划以及征战的决心，谁就有好的情节和结尾，谁便能写得十分精彩和引人注目。"

愿各位读者朋友都能遵循本书的指引，点亮职业生涯这盏明灯，全身心地去征战并收获成功的喜悦！

事实上，每个人都希望成功，而且有些人希望大成功，例如渴望成为像比尔·盖茨、乔布斯、马云等那样的企业成功人士。因为我们觉得他们是成功的、是光芒四射的。

也许，你对自己的人生、职业做了很好的规划，也许你也非常努力去奋斗、拼搏，但是成功似乎总是与你擦肩而过；也许，成功就在前面的拐角处，只需要你再进一步；也许，你奋斗到老，你还是没有获得你想要的成就。

如果你努力过，奋斗过，成功还没有降临，请不要灰心，你还需要更进一步。只要你持续不断地努力，即使你没有想象的那样成功也一定比你不努力的时候成功，而且你在奋斗的路上是享受的、是全情的、是快乐的。当你临近人生的尾声时，你不会因没那么成功而沮丧，你一定会觉得踏实、心安、内心平静，你绝不会因为过去尝试、努力没有成功而懊悔！

成功需要天时、地利、人和。假如比尔·盖茨早出生或晚出生 10 年，他还可以成为今天的比尔·盖茨吗？当然，成功的人也不是随随便便、轻轻松松可以成功的，他们的努力和付出比我们想象的要大、要多，他们在成功的路上也遇到过失败和挫折，只是他们战胜了失败获得了成功。

另外，成功是达成自己既定的目标，每个人可以去设定自己的目标，然后去追逐、去实现，成为你自己真正想成为的人。这样的你才是真实的、纯粹的，成为这样的你才是属于你自己的成功。我们不要蒙蔽自己的双眼、忽视自己的内心而去追逐社会大众眼中所谓的成功，那不一定是你内心的渴望！

注定的只是一些事情的结果，需要我们一直去努力、行动、参与。

谋事在人，成事在天。不是要你消极处世，而是要活在当下，积极努力去谋划自己的职业和人生，只要你不断征战（不断努力、不断专注、不断成长），你就会有机会获得上天的眷顾，这样就会有机会获得成功。

即使没有你想象的成功，你也会获得内心的充实，你会觉得问心无愧！

别让你的迷茫，耽误你的人生。让我们从现在开始全力以赴去进行职业生涯的征战——享受征战的过程，不要过于在意征战的结果，把荣耀献给未来。